高等职业教育课程改革教材

建设工程招投标与合同管理

主　编　廖明菊　吴　瑜　刘　慧

副主编　杨春光　张志娇

主　审　李奋强　王春艳

中国水利水电出版社
www.waterpub.com.cn
·北京·

内 容 提 要

本书依据最新的法律、法规和合同示范文本，系统地介绍了建设工程招投标和合同管理相关的知识。主要内容包括建设工程招投标概述，建设工程招标，建设工程投标，建设工程开标、评标与定标，建设工程合同概述，建设工程施工合同管理，建设工程施工索赔。本书为读者从事工程招投标和合同管理相关工作提供必备的专业知识。书中每章都配有大量的案例分析、练习思考题，供学习者配套使用。

本书可作为高职高专职业院校工程造价、工程管理、水利水电建筑工程、水利工程等相关专业的教材，也可供工程招投标和合同管理方面的专业技术人员参考。

图书在版编目（CIP）数据

建设工程招投标与合同管理 / 廖明菊，吴瑜，刘慧主编. -- 北京 : 中国水利水电出版社，2020.6(2023.1重印)
高等职业教育课程改革教材
ISBN 978-7-5170-8618-5

Ⅰ. ①建… Ⅱ. ①廖… ②吴… ③刘… Ⅲ. ①建筑工程－招标－高等职业教育－教材②建筑工程－投标－高等职业教育－教材③建筑工程－合同－管理－高等职业教育－教材 Ⅳ. ①TU723

中国版本图书馆CIP数据核字(2020)第098953号

书　　名	高等职业教育课程改革教材 **建设工程招投标与合同管理** JIANSHE GONGCHENG ZHAO - TOUBIAO YU HETONG GUANLI
作　　者	主　编　廖明菊　吴　瑜　刘　慧 副主编　杨春光　张志娇 主　审　李奋强　王春艳
出版发行	中国水利水电出版社 （北京市海淀区玉渊潭南路1号D座　100038） 网址：www. waterpub. com. cn E - mail：sales@mwr. gov. cn 电话：(010) 68545888（营销中心）
经　　售	北京科水图书销售有限公司 电话：(010) 68545874、63202643 全国各地新华书店和相关出版物销售网点
排　　版	中国水利水电出版社微机排版中心
印　　刷	清淞永业（天津）印刷有限公司
规　　格	184mm×260mm　16开本　13.75印张　335千字
版　　次	2020年6月第1版　2023年1月第2次印刷
印　　数	3001—6000册
定　　价	**42.00**元

前言

本书根据最新的法律、法规和合同示范文本要求编写，内容通俗易懂、理论概述简洁明了、案例清晰实用，特别注重教材的实用性。为方便教学，在内容编写和章节安排上首先突出各章的学习目标，书中每章都配有大量的案例分析、练习思考题，供学习者配套使用，加强分析问题和提高解决问题的能力。

本书编写人员及编写分工如下：第1章、第4章由广西水利电力职业技术学院杨春光编写，第2章、第3章和第5章由广西水利电力职业技术学院刘慧、吴瑜编写，第6章、第7章由广西水利电力职业技术学院廖明菊、张志娇编写。本书由廖明菊、吴瑜、刘慧担任主编并由廖明菊、吴瑜负责全书统稿，由杨春光、张志娇担任副主编，由广西建工集团海河水利建设有限责任公司李奋强、广西彤茂工程咨询有限公司王春艳主审。

由于编者水平有限，加之时间比较紧张，书中难免有疏漏之处，恳请广大读者批评指正。

编者

2020年3月

目录

第1章 建设工程招投标概述

教学目标 了解招标投标的发展历史、招标投标概念、招标投标类型、招标投标原则；熟悉招标范围、招标方式，知道哪些可以不招标，哪些要公开招标，哪些可以邀请招标；掌握必须招标的标准；了解建设工程市场、交易中心、资质管理；了解招标投标法律法规。

1.1 建设工程招标投标

1.1.1 建设工程招标投标发展历史

中华人民共和国成立以来，我国的建设程序经过了一个不断完善的过程，目前的建设程序与计划经济时期相比较，已经发生了重要变化，其中关键性的变化：一是实行了项目法人责任制；二是实行了工程招标投标制度；三是实行了建设工程监理制度；四是实行了合同管理制度。

我国建设工程招标投标工作主要经过了三个阶段。

第一阶段：观念确立和试点阶段（1980—1983年）。1983年6月，原城乡建设环境保护部颁布了《建筑安装工程招标投标试行办法》，它是我国第一个关于工程招标投标的部门规章，对推动全国范围内实行此项工作起到了重要作用。

第二阶段：大力推行阶段（1984—1991年）。1984年9月，国务院制定颁布了《关于改革建筑业和基本建设管理体制若干问题的暂行规定》，规定了招标投标的原则办法，要改革单纯用行政手段分配建设任务的老办法，实行招标投标。由发包单位择优选定勘察设计单位、建筑安装企业，同时要求大力推行工程招标承包制，同年11月，国家计划委员会和城乡建设环境保护部联合制定了《建设工程招标投标暂行规定》。

第三阶段：全面推开阶段（1992—1999年）。1999年8月30日，全国人大九届十一次会议通过了《中华人民共和国招标投标法》，并于2000年1月1日起施行。这部法律的颁布实施，标志着我国建设工程招标投标步入了法制化的轨道。

随着社会主义市场经济的发展，不仅在工程建设的勘察、设计、施工、监理、重要设备和材料采购等领域实行招标制度，而且在政府采购、机电设备进口以及医疗器械药品采购、科研项目服务采购、国有土地使用权出让等方面也广泛采用招标方式。

本书主要论述工程建设方面的招标投标，并且重点是施工招标投标。

1.1.2 建设工程招标投标概念

建设工程招标，是指招标人（或发包人）将拟建工程对外发布信息，吸引有承包能力的单位参与竞争，按照法定程序优选承包单位的法律活动。

招标是招标人通过招标竞争机制，从众多投标人中择优选定一家承包单位作为建设工程承建者的一种建筑商函的交易方式。

建设工程投标是指投标人（或承包人）根据所掌握的信息，按照招标人的要求，参与投标竞争，以获得建设工程承包权的法律活动。

整个招标投标过程，首先由招标人（建设单位）向特定或不特定的人发出通知，说明建设工程的具体要求以及参加投标的条件、期限等，邀请对方在期限内提出报价，然后根据投标人提供的报价和其他条件，选择对自己最为有利的投标人作为中标人，并与之签订合同。如果招标人对所有的投标条件都不满意，也可以全部拒绝，宣布招标失败，并可另择日期，重新进行招标活动，直至选择最为有利的对象（称中标人）并与之达成协议，建设工程招标投标活动即告结束。

1.1.3　建设工程招标的类型

按标的内容，建设工程招标可分为建设工程监理招标、建设工程项目管理招标、建设项目总承包招标、工程勘察设计招标、工程建设施工招标以及工程建设项目货物招标。

（1）建设工程监理招标。建设工程监理招标是建设项目的业主为了加强对项目前期准备及项目实施阶段的监督管理，委托有经验、有能力的建设监理单位对建设项目进行监理而发布监理招标信息或发出投标邀请，由建设监理单位竞争承接此建设项目相应的监理任务的过程。

（2）建设工程项目管理招标。建设工程项目管理，是指从事工程项目管理的企业，受工程项目业主方委托，对工程建设全过程或分阶段进行专业化管理和服务活动。工程项目业主方可以通过招标等方式选择项目管理企业，并与选定的项目管理企业以书面形式签订委托项目管理合同。

工程勘察、设计、监理等企业可以同时承担同一工程项目管理和其资质范围内的工程勘察、设计、监理业务，但依法应当招标投标的业务应该通过招标投标方式确定。施工企业不得在同一工程从事项目管理和工程承包业务。

（3）建设项目总承包招标。建设项目总承包招标是指从项日建议书开始，包括可行性研究、勘察设计、设备材料采购、工程施工、生产准备、投料试车直至竣工投产、交付使用的建设全过程招标，常称为“交钥匙”工程招标。承包商提出的实施方案应是从项目建议书开始到工程项目交付使用的全过程的方案，提出的报价也应是包括咨询、设计服务费和实施费在内的全部费用的报价。总承包招标对投标人来说利润高，但风险也大，因此要求投标人要有很强的技术力量和相当高的管理水平，并有可靠的信誉。

（4）工程勘察设计招标。勘察设计招标是招标人就拟建的工程项目的勘察设计任务发出招标信息或投标邀请，由投标人根据招标文件的要求，在规定的期限内向招标人提交包括勘察设计方案及报价内容等的投标书，经开标、评标及决标，从中择优选定勘察设计单位（即中标单位）的活动。

招标人可以根据建设项目的不同特点，实行勘察设计一次性总体招标；也可以在保证项目完整性、连续性的前提下，按照技术要求实行分段或分项招标。

在我国，有相当一部分设计单位并无勘察能力，所以勘察和设计分别招标是常见的情况。一般是设计招标之后，根据设计单位提出的勘察要求再进行勘察招标，或由设计单位总承包后，再分包给勘察单位，或者设计、勘察单位联合承包。

（5）工程建设施工招标。工程建设施工招标是招标人就建设项目的施工任务发出招标信息或投标邀请，由投标人根据招标文件要求，在规定的期限内提交包括施工方案、报价、工期、质量等内容的投标书，经开标、评标、决标等程序，从中择优选定施工承包人的活动。

根据承担施工任务的范围大小及内容的不同，施工招标又可分为施工总承包招标、专业工程施工招标等。

（6）工程建设项目货物招标。工程建设项目货物是指与工程建设项目有关的重要设备、材料等。工程建设项目货物招标，是指招标人就设备、材料的采购发布信息或发出投标邀请，由投标人投标竞争采购合同的活动。但适用货物招标采购的设备、材料一般都是用量大、价值高且对工程的造价、质量影响大的，并非所有的设备、材料均由招标采购而得。法定必须招标的建设项目货物的采购应按照《工程建设项目货物招标投标管理办法》（国家发展和改革委员会等七部委令第27号，2005年）执行。我国与世界银行约定，凡单项采购合同额达到100万美元以上的世界银行贷款项目，就应采取国际招标来确定中标人。

1.1.4 建设工程招标投标基本原则

1. 合法原则

合法原则是指建设工程招标投标主体的一切活动，必须符合法律、法规、规章和有关政策的规定，即：

（1）主体资格要合法。招标人必须具备一定的条件才能自行组织招标，否则只能委托招标代理机构组织招标；投标人必须具有与其投标的工程相适应的资质等级，并经招标人资格审查合格。

（2）活动依据要合法。招标投标活动应按照相关的法律、法规、规章和政策性文件开展。

（3）活动程序要合法。建设工程招标投标活动的程序，必须严格按照有关法规规定的要求进行。当事人不能随意增加或减少招标投标过程中某些法定步骤或环节，更不能颠倒次序、超过时限、任意变通。

（4）对招标投标活动的管理和监督要合法。建设工程招标投标管理机构必须依法监管、依法办事，不能越权干预招（投）标人的正常行为或对招（投）标人的行为进行包办代替，也不能懈怠职责、玩忽职守。

2. 公开、公平、公正原则

（1）公开原则，是指建设工程招标投标活动应具有较高的透明度。具体有以下几层意思：

1）建设工程招标投标的信息公开。通过建立和完善建设工程项目报建登记制度，及时向社会发布建设工程招标投标信息，让有资格的投标者都能享受到同等的信息。

2）建设工程招标投标的条件公开。什么情况下可以组织招标、什么机构有资格组织招标、什么样的单位有资格参加投标等，必须向社会公开，便于社会监督。

3）建设工程招标投标的程序公开。在建设工程招标投标的全过程中，招标单位的主要招标活动程序、投标单位的主要投标活动程序和招标投标管理机构的主要监管程序，必须公开。

4）建设工程招标投标的结果公开。哪些单位参加了投标，最后哪个单位中了标，应当予以公开。

（2）公平原则，是指所有投标人在建设工程招标投标活动中，享有均等的机会，具有同等的权利，履行相应的义务，任何一方都不应受歧视。

（3）公正原则，是指在建设工程招标投标活动中，按照同一标准实事求是地对待所有的投标人，不偏袒任何一方。

我国《招标投标法实施条例》明确规定，招标人不得以不合理的条件限制、排斥潜在投标人或者投标人。招标人有下列行为之一的，属于以不合理条件限制、排斥潜在投标人或者投标人：

1）就同一招标项目向潜在投标人或者投标人提供有差别的项目信息。

2）设定的资格、技术、商务条件与招标项目的具体特点和实际需要不相适应或者与合同履行无关。

3）依法必须进行招标的项目以特定行政区域或者特定行业的业绩、奖项作为加分条件或者中标条件。

4）对潜在投标人或者投标人采取不同的资格审查或者评标标准。

5）限定或者指定特定的专利、商标、品牌、原产地或者供应商。

6）依法必须进行招标的项目非法限定潜在投标人或者投标人的所有制形式或者组织形式。

7）以其他不合理条件限制、排斥潜在投标人或者投标人。

3. 诚实信用原则

诚实信用原则，是指在建设工程招标投标活动中，招（投）标人应当以诚相待，讲求信义，实事求是，做到言行一致，遵守诺言，履行成约，不得见利忘义，投机取巧，弄虚作假，隐瞒欺诈，损害国家、集体和其他人的合法权益。诚实信用原则是市场经济的基本前提，是建设工程招标投标活动中的重要道德规范。

1.1.5 建设工程招标投标的意义

实行招标投标制，其最显著的特征是将竞争机制引入了交易过程。与采用供求双方直接交易方式等非竞争性的交易方式相比，具有明显的优越性，主要表现在以下几个方面：

（1）招标人通过对各投标竞争者的报价和其他条件进行综合比较，从中选择报价低、技术力量强、质量保障体系可靠、具有良好信誉的承包商、供应商或监理单位、设计单位作为中标者，与其签订承包合同、采购合同、咨询合同，有利于节省和合理使用资金，保证招标项目的质量。

（2）招标投标活动要求依照法定程序公开进行，有利于遏制承包活动中行贿受贿等腐败和不正当竞争行为。

（3）有利于创造公平竞争的市场环境，促进企业间公平竞争。采用招标投标制，对于供应商、承包商来说，只能通过在价格、质量、服务等方面展开竞争，以尽可能充分满足招标人的要求，取得商业机会，体现了在商机面前人人平等的原则。

当然，招标方式与直接发包方式相比，也有程序复杂、费时较多、费用较高等缺点，因此，有些发包标的物价值较低或者采购的时间紧迫的交易行为，根据相关法规的规定可不采用招标投标方式。

1.2 建设工程承发包

1.2.1 建设工程承发包的概念

承发包是一种商业交易行为，是指建筑企业（承包商）作为承包人（称乙方），建设单位（业主）作为发包人（称甲方），由甲方将建筑安装工程任务委托给乙方，且双方在平等互利的基础上签订工程合同，明确各自的经济责任、权利和义务，以保证工程任务在合同造价内按期按质按量地全面完成。对于建筑企业而言，它是一种经营方式。

1.2.2 建设工程承发包方式

建设工程承发包方式的分类可以按照承包范围、承包任务获得途径、合同类型和计价方式、承包人所处地位等来划分，这里主要介绍按承包范围划分的类别。

1. 建设全过程承发包

建设全过程承发包又称统包、一揽子承包、交钥匙合同。它是指发包人一般只要提出使用要求、竣工期限或对其他重大决策性问题作出决定，承包人就可对项目建议书、可行性研究、勘察设计、材料设备采购、建筑安装工程施工、职工培训、竣工验收，直到投产使用和建设后评估等全过程实行全面总承包，并负责对各项分包任务和必要时被吸收参与工程建设有关工作的发包人的部分力量进行统一组织、协调和管理。

建设全过程承发包主要适用于大中型建设项目。大中型建设项目由于工程规模大、技术复杂，要求工程承包公司必须具有雄厚的技术经济实力和丰富的组织管理经验，通常由实力雄厚的工程总承包公司（集团）承担。这种承包方式的优点是：由专职的工程承包公司承包，可以充分利用其丰富的经验，还可进一步积累建设经验，节约投资，缩短建设工期并保证建设项目的质量，提高投资效益。

2. 阶段承发包

阶段承发包是指发包人、承包人针对建设过程中某一阶段或某些阶段的工作（如勘察、设计或施工、材料设备供应等）进行发包承包。例如由设计机构承担勘察设计，由施工企业承担工业与民用建筑施工；由设备安装公司承担设备安装任务。其中，施工阶段承发包还可依承发包的具体内容，再细分为以下三种方式：

（1）包工包料。即工程施工所用的全部人工和材料由承包人负责。其优点是：便于调剂余缺，合理组织供应，加快建设速度，促进施工企业加强企业管理，精打细算，厉行节约，减少损失和浪费；有利于合理使用材料，降低工程造价，减轻建设单位的负担。

（2）包工部分包料。即承包人只负责提供施工的全部人工和一部分材料，其余部分材料由发包人或总承包人负责供应。

（3）包工不包料。又称包清工，实质上是劳务承包。即承包人（大多是分包人）仅提供劳务而不承担任何材料供应的义务。

3. 专项（业）承发包

专项承发包是指发包人、总承包人就某建设阶段中的一个或几个专门项目进行发包承包。专项承发包主要适用于可行性研究阶段的辅助研究项目；勘察设计阶段的工程地质勘察、供水水源勘察，基础或结构工程设计、工艺设计，供电系统、空调系统及防灾系统的设计；施工阶段的深基础施工、金属结构制作和安装、通风设备和电梯安装等；建设准备阶段的设备选购和生产技术人员培训等专门项目。由于专门项目专业性强，常常是由有关专业分包人承包，所以，专项发包承包也称作专业发包承包。

1.3 建设工程市场资质

1.3.1 建设工程市场概念

建设工程市场简称建设市场或建筑市场，是进行建筑产品和相关要素交换的市场。

建设工程市场由工程建设发包方、承包方和中介服务机构组成市场主体，各种形态的建筑产品及相关要素（如建筑材料、建筑机械、建筑技术和劳动力）构成市场客体。

1.3.2 建设工程市场资质管理

建筑活动的专业性及技术性都很强，而且建设工程投资大、周期长，一旦发生问题将给社会和人民的生命财产安全造成极大损失。因此，为保证建设工程的质量和安全，对从事建设活动的单位和专业技术人员必须实行从业资格管理，即资质管理制度。建设工程市场中的资质管理包括两类：一类是对从业企业的资质管理；另一类是对专业人士的资格管理。

1. 企业资质管理

（1）工程勘察设计企业资质管理。我国建设工程勘察设计资质分为工程勘察资质、工程设计资质。工程勘察资质分为工程勘察综合资质（甲级）、工程勘察专业资质（甲、乙、丙级）和工程勘察劳务资质（不分级）；工程设计资质分为工程设计综合资质（甲级）、工程设计行业资质（甲、乙级；部分行业设丙级）、工程设计专业资质（甲、乙级；部分专业设丙级；建筑专业设丁级）、工程设计专项资质（甲、乙级；个别专业设丙级）。

建设工程勘察、设计企业应当按照其拥有的注册资本、专业技术人员、技术装备和业绩等条件申请资质，经审查合格，取得建设工程勘察、设计资质证书后，方可在资质等级许可的范围内从事建设工程勘察设计活动。

（2）建筑业企业（承包商）资质管理。建筑业企业（承包商）是指从事土木工程、建筑工程、线路管道及设备安装工程、装修工程等的新建、扩建、改建活动的企业。我国的建筑业企业分为施工总承包企业、专业承包企业和劳务分包企业三个资质序列。施工总承包企业又按工程性质分为房屋建筑、公路、铁路、港口与航道、水利水电、电力、矿山、冶炼、化工石油、市政公用、通信、机电安装等12个类别；专业承包企业又根据工程性质和技术特点划分为60个类别；劳务分包企业按技术特点划分为13个类别。工程施工总承包企业每个资质类别划分为3～4个资质等级，即特级、一级、二级或特级、一级、二级、三级；施工专业承包企业每个资质类别分为1～3个资质等级或不分级；劳务分包企业每个资质类别分为一、二级两个资质等级或不分级。这三类企业的资质等级标准，由住房和城乡建设部（简称住建部）统一组织制定和发布。工程施工总承包企业和施工专业承包企业的资质实行分级审批。特级和一级资质由住建部审批；二级以下资质由企业注册所在地省、自治区、直辖市人民政府建设主管部门审批；劳务分包企业资质由企业所在地省、自治区、直辖市人民政府建设主管部门审批。经审查合格的企业，由资质管理部门颁发相应等级的建筑业企业（施工企业）资质证书。建筑业企业资质证书由国务院建设行政主管部门统一印制，分为正本（1本）和副本（若干本），正本和副本具有同等法律效力。任何单位和个人不得涂改、伪造、出借、转让资质证书，复印的资质证书无效。

（3）工程监理资质管理。工程监理企业资质按照等级划分为综合资质、专业资质和事务所资质。其中，专业资质按照工程性质和技术特点划分为14个工程类别，综合资质、事务所资质不设类别和等级。专业资质分为甲级、乙级，其中，房屋建筑、水利水电、公路和市政公用专业资质可设立丙级。综合资质可以承担所有专业工程类别建设工程项目的工程监理业务。专业资质中，丙级监理单位只能监理相应专业类别的三级工程；乙级监理单位只能监理相应专业类别的二级、三级工程；甲级监理单位可以监理相应专业类别的所有工程。事务所资质可以承担三级建设工程项目的监理业务，但国家规定必须实行监理的工程除外。

（4）工程造价咨询机构资质管理。造价咨询单位资质等级划分为甲级和乙级。乙级工程造价咨询机构在本省、自治区、直辖市所辖行政区域范围内承接中、小型建设项目的工程造价咨询业务；甲级工程造价咨询机构承担工程的范围和地区不受限制。

（5）工程招标代理机构资格管理。2018年3月发布的《住房城乡建设部关于废止〈工程建设项目招标代理机构资格认定办法〉的决定》已经明确了招标代理资格取消的事实。取消资格认定相当于取消门槛，招标代理机构也不再需要取得资质证书即可承办招标代理业务，会有越来越多的机构涌入招标代理市场，加剧竞争，带来新一轮行业洗牌。作为招标人，其选择招标代理的范围会更宽，更多的是考察招标代理机构的自身业绩、实力和专业能力。

2. 个人执业资格管理

建筑业专业人员执业资格制度指的是我国的建筑业专业人员在各自的专业范围内参加全国或行业组织的统一考试，获得相应的执业资格证书，经注册后在资格许可范围内执业的制度。建筑业专业人员执业资格制度是我国强化建设工程市场准入的重要举措。《中华人民共和国建筑法》规定："从事建筑活动的专业技术人员，应当依法取得相应的执业资格证书，并在执业资格证书许可的范围内从事建筑活动。"

我国目前的建筑业专业执业资格有：注册建筑师、注册结构工程师、注册监理工程师、注册造价工程师、注册土木（岩土）工程师、注册建造师等。这些不同岗位的执业资格存在许多共同点，包括：①均需要参加统一考试；②均需要注册，只有经过注册后才能成为注册执业人员；③均有各自的执业范围，注册执业人员只能在证书规定的执业范围内执业；④均须接受继续教育，每一位注册执业人员都必须要及时更新知识，因此都必须要接受继续教育。

1.4　建设工程交易中心

1.4.1　建设工程交易中心的概念

建设工程交易中心是为了建设工程招标投标活动提供服务的自收自支的事业性单位，而非政府机构。建设工程交易中心必须与政府部门脱钩，人员、职能分离，不能与政府部门及其所属机构搞“两块牌子、一套班子”。政府有关部门及其管理机构可以在建设工程交易中心设立服务“窗口”，并对建设工程招标投标活动依法实施监督。

1.4.2　建设工程交易中心具备的条件

地级以上城市（包括地、州、盟）设立建设工程交易中心应经建设部、国家发展和改革委员会、监察部协调小组批准。建设工程交易中心必须具备下列条件：

（1）有固定的建设工程交易场所和满足建设工程交易中心基本功能要求的服务设施。

（2）有政府管理部门设立的评标专家名册。

（3）有健全的建设工程交易中心工作规则、办事程序和内部管理制度。

（4）工作人员必须奉公守法并熟悉国家有关法律法规，具有工程招标投标等方面的基本知识；其负责人必须具备5年以上从事建设市场管理的工作经历，熟悉国家有关法律法规，具有较丰富的工程招标投标等业务知识。

（5）建设工程交易中心不能重复设立，每个地级以上城市（包括地、州、盟）只设一个，不按照行政管理部门分别设立。特大城市可以根据需要设立区域性分中心，在业务上受中心领导。

1.4.3　建设工程交易中心职责

（1）贯彻执行建筑市场和建设工程管理的法律、法规和规章，按照交易规则及时收集、发布信息。

（2）为建筑市场进行交易的各方提供服务。

（3）配合市场各部门调解交易过程中发生的纠纷。

（4）向政府有关部门报告交易活动中发现的违法违纪行为。

1.5　建设工程招标投标的法律基础与行政监督

1.5.1　招标投标法律法规与政策体系

我国从20世纪80年代初开始在建设工程领域引入招标投标制度。2000年1月1日起《中华人民共和国招标投标法》（简称《招标投标法》）开始实施，标志着我国正式确立了招标投标的法律制度。之后，国务院及有关部门陆续颁布了一系列招标投标方面的规定，地方政府及有关部门也结合本地的特点和需要，相继制定了招标投标方面的地方性法规、规章和规范性文件，使我国的招标投标法律制度逐步完善，形成了覆盖全国各领域、各层级的招标投标法律法规与政策体系（简称“招标投标法律体系”）。

此外，在城市基础设施项目、政府投资公益性项目等建设领域，以招标方式选择项目法人、特许经营者、项目代建单位、评估咨询机构及货款银行等，已经成为招标投标法律体系规范中的重要内容。

招标投标法律体系是指全部现行的与招标投标活动有关的法律法规和政策组成的有机联系的整体。就法律规范的渊源和相关内容而言，招标投标法律体系的构成可分为以下几种。

1. 按照法律规范的渊源划分

招标投标法律体系由有关法律、法规、规章及规范性文件构成。

（1）法律，由全国人大及其常委会制定，通常以国家主席令的形式向社会公布，具有国家强制力和普遍约束力，一般以法、决议、决定、条例、办法、规定等为名称。如《招标投标法》、《中华人民共和国政府采购法》（简称《政府采购法》）、《中华人民共和国合同法》（简称《合同法》）等。

（2）法规，包括行政法规和地方性法规。行政法规，由国务院制定，通常由总理签署国务院令公布，一般以条例、规定、办法、实施细则等为名称。如我国 2012 年 2 月 1 日起开始实施的《中华人民共和国招标投标法实施条例》就是招标投标领域的一部行政法规。

（3）地方性法规，由省、自治区、直辖市及较大的市（省、自治区政府所在地的市，经济特区所在地的市，经国务院批准的较大的市）的人大及其常委会制定，通常以地方人大公告的方式公布，一般使用条例、实施办法等名称，如《北京市招标投标条例》。

（4）规章，包括国务院部门规章和地方政府规章。

1）国务院部门规章。是指国务院所属的部、委、局和具有行政管理职责的直属机构制定，通常以部委令的形式公布，一般使用办法、规定等名称，如《工程建设项目勘察设计招标投标办法》（八部委令第 2 号，2013 年令第 23 号修改）。

2）地方政府规章。由省、自治区、直辖市、省政府所在地的市、经国务院批准的主要城市的政府规定，通常以地方人民政府令的形式发布，一般以规定、办法等为名称。如北京市人民政府制定的《北京市工程建设项目招标范围和规模标准的规定》。

（5）行政规范性文件。行政规范性文件是各级政府及其所属部门和派出机关在其职权范围内，依据法律、法规和规章制定的具有普遍约束力的具体规定。如《国务院办公厅印发〈国务院有关部门实施招标投标活动行政监督的职责分工意见〉的通知》（国办发〔2000〕34 号），就是依据《招标投标法》第七条的授权作出的有关职责分工的专项规定；《国务院办公厅关于进一步规范招标投标活动的若干意见》（国办发〔2004〕56 号）则是为贯彻实施《招标投标法》，针对招标投标领域存在的问题从七个方面作出的具体规定。

2. 按照法律规范内容的相关性划分

招标投标法律体系包括两个方面：一是招标投标专业法律规范；二是相关法律规范。

（1）招标投标专业法律规范。招标投标专业法律规范即专门规范招标投标活动的法律、法规、规章及有关政策性文件。如《招标投标法》、国家发展和改革委员会（简称发改委）等有关部委发布的关于招标投标的部门规章，以及各省、自治区、直辖市出台的关于招标投标的地方性法规和政府规章等。

（2）相关法律规范。由于招标投标属于市场交易活动，因此必须遵守规范民事行为、签订合同、履约担保等采购活动的《中华人民共和国民法通则》（简称《民法通则》）、《合同法》、《中华人民共和国担保法》（简称《担保法》）等。另外，如有关工程建设项目方面的招标投标活动应遵守《中华人民共和国建筑法》（简称《建筑法》）、《建设工程质量管理条例》（国务院令第279号，目前已更新至2016年最新版）、《建设工程安全生产管理条例》（国务院令第393号）、《建筑工程施工许可管理办法》（住房和城乡建设部令第18号）的相关规定等。

1.5.2　招标投标活动中的法律责任

招标投标活动必须依法实施，任何违反《招标投标法》等现行法律法规的行为都要承担相应的法律责任。

1. 投标人的主要法律责任

（1）必须进行招标投标的项目不招标，将项目化整为零或以其他任何方式规避招标的，责令限期改正，可以处以项目合同金额5‰以上10‰以下的罚款；对全部或部分使用国有资金的项目，可以暂停执行或者暂停资金拨付；对单位直接负责的主管人员和其他责任人员依法给予处分。

（2）以不合理条件限制或排斥潜在投标人，对潜在投标人实行歧视待遇，强制投标人组成联合体共同投标，或者限制投标人之间竞争的，责令改正，可以处以1万元以上5万元以下的罚款。

（3）向他人透露已获取招标文件潜在投标人的名称、数量或者可能影响到公平竞争的有关其他情况，或者泄露标底的，给予警告，可以并处1万元以上10万元以下的罚款；对单位直接负责的主管人员和其他直接责任人员依法给予处分；构成犯罪的，依法追究刑事责任。如果影响中标结果，中标无效。

（4）招标人与中标人不按招标文件和中标人的投标文件订立合同的。或者招标人、中标人订立背离合同实质性内容的协议的，责令改正，并可以处以中标项目金额5‰以上10‰以下的罚金。

（5）在评标委员会依法推荐的中标候选人之外确定中标人，依法必须进行招标的项目在所有投标人被评标委员会否决后自行决定中标人的，中标无效，责令改正，可以处以中标项目金额5‰以上10‰以下的罚款；对单位直接负责的主管人员和其他直接责任人员依法给予处分。

（6）招标人不履行与中标人签订的合同，应双倍返还中标人的履约保证金；给中标人造成的损失超过履约保证金的，应对超过的部分给予赔偿。

2. 投标人的主要法律责任

（1）投标人相互串通投标或与招标人串通投标，投标人以向招标人或评标委员会成员行贿的手段牟取中标的，中标无效，并处中标项目金额5‰以上10‰以下的罚款；对单位直接负责的主管人员和其他直接责任人员处单位罚款数额5‰以上10‰以下的罚款；有违法所得的，并处没收违法所得；情节严重的，取消1～2年参加依法必须进行招标的项目的投标资格并予以公告，直至吊销营业执照；构成犯罪的，依法追究刑事责任。给他人造成损失的，依法承担赔偿责任。

（2）以他人名义投标或以其他方式弄虚作假骗取中标的，中标无效，给招标人造成经济损失的，依法承担赔偿责任；构成犯罪的，依法追究刑事责任。依法必须进行招标的项目的投标人有上述行为但未构成犯罪的，处中标项目金额5‰以上10‰以下的罚款，对单位直接负责的主管人员和其他直接责任人员处罚款数额5‰以上10‰以下的罚款；有违法所得的，并处没收违法所得；情节严重的，取消其1～3年参加依法必须进行招标的项目的投标资格并予以公告，直至吊销营业执照。

（3）中标人将中标项目转让给他人；将中标项目肢解后分别转让给别人；将中标项目的部分主体、关键性工作分包给他人，或分包人再次分包的，转让、分包无效，并处转让、分包项目金额5‰以上10‰以下的罚款；有违法所得的，并处没收违法所得；可以责令停业整顿；情节严重的，由工商行政管理机关吊销营业执照。

（4）中标人不履行与招标人订立的合同，履约保证金不予退换，给招标人造成的损失超过履约保证金数额的，还应当对超过部分予以赔偿；没有提供履约保证金的，应当对招标人的损失承担赔偿责任。中标人不按照与招标人订立的合同履行义务，情节严重的，取消其2～5年参加投标的资格，并予以公告，直至由工商行政管理机关吊销其营业执照。

3. 其他相关责任人的法律责任

（1）招标代理机构泄露应当保密的与招标投标活动有关情况和资料的，或者与招标人、投标人串通损害国家利益、社会公众利益或他人合法权益的，处以5万元以上25万元以下的罚款，对单位直接负责的主管人员和其他直接责任人员处单位罚款数额5‰以上10‰以下的罚款；有违法所得的，并处没收违法所得；构成犯罪的，依法追究刑事责任。如果影响中标结果，中标无效。

（2）评标委员会成员接受投标人的财务或其他好处的；评委或参加评标的有关工作人员向他人透露对投标文件的评审和比较、中标候选人的推荐以及与评标有关的其他情况的，给予警告，没收收受的财物，可以并处3000元以上5万元以下的罚款，对有上述违法行为的评标委员会成员取消担任评标委员的资格，不得再参加任何依法必须进行招标的项目评标；构成犯罪的，依法追究刑事责任。

（3）评标委员会成员在评标过程中擅离职守，影响评标程序进行，或者在评标过程中不能客观公正地履行职责，情节严重的，取消担任评标委员会成员的资格，不得再参加任何招标项目的评标，并处以1万元以下的罚款。

（4）任何单位违反《招标投标法》规定，限制或排斥本地区、本系统以外的法人或其他组织投标；为招标人指定招标代理机构；强制招标人委托招标代理机构办理招标事宜，或以其他方式干涉招标投标活动的，责令改正；对单位直接的主管人员和其他直接责任人依法给予警告、记过、记大过的处分；情节较严重的，依法给予降级、撤职、开除的处分。个人利用职权进行上述违法行为的，依照上述规定追究刑事责任。

（5）对招标投标活动依法负有行政监督职责的国家机关工作人员徇私舞弊滥用职权玩忽职守，构成犯罪的，依法追究刑事责任；不构成犯罪的，依法给予行政处分。

1.6 建设工程招标的组织形式

1.6.1 自行招标

《招标投标法》第十二条第二款规定："招标人具有编制招标文件和组织评标能力的，可以自行办理招标事宜。任何单位和个人不得强制其委托招标代理机构办理招标事宜。"这里指出了招标人自行办理招标必须具备的两个条件：一是有编制招标文件的能力；二是有组织评标的能力。这两项条件不能满足的，必须委托代理机构办理。

1.6.2 代理招标

招标代理机构是依法设立、与行政机关和其他国家机关没有隶属关系、从事招标代理业务并提供相关服务的社会中介组织。根据《招标投标法》第十三条第二款规定，招标代理机构应当具备下列条件：

（1）有从事招标代理业务的营业场所和相应的资金。

（2）有能够编制招标文件和组织评标的相应专业力量。

（3）有符合规定条件可以作为评标委员会人选的技术经济等方面的专家库。

小 结

本章主要讲述了招标投标的发展历史、招标投标概念、招标投标类型、招标投标原则、招标范围、招标方式、哪些可以不招标、哪些要公开招标、哪些可以邀请招标、必须招标的标准或规模；讲述了建设工程市场、交易中心、资质管理、招标投标法律法规等。

案 例 分 析

案例分析1.1：鲁布革水电站引水工程招标投标

1. 鲁布革水电站引水工程招标投标情况简介

鲁布革水电站装机容量60万kW·h，位于云贵交界的黄泥河上。1981年6月经国家批准，列为重点建设工程。1982年7月，国家决定将鲁布革水电站的引水工程作为水利电力部第一个对外开放、利用世界银行贷款的工程，并按世界银行规定，实行中华人民共和国成立以来第一次的国际公开（竞争性）招标。该工程由一条长8.8km、内径8m的引水隧洞和调压井等组成。招标范围包括其引水隧洞、调压井和通往电站的压力钢管等。

2. 招标程序及合同履行情况

鲁布革水电站引水工程国际公开招标程序及合同履行情况见表1.1。

表1.1 鲁布革水电站引水工程国际公开招标程序及合同履行情况

时　间	工作内容	说　明
1982年9月	刊登招标通告及编制招标文件	
1982年9—12月	第一阶段资格预审	从13个国家32家公司中选定20家合格公司，包括我国3家公司
1983年2—7月	第二阶段资格预审	与世界银行磋商第一阶段预审结果，中外公司为组成联合投标公司进行谈判
1983年6月15日	发售招标文件（标书）	15家外商及3家国内公司购买了标书，8家进行了投标
1983年11月8日	当众开标	8家投标公司中，1家为废标
1983年11月—1984年4月	评标	确定大成、前田和英波吉洛3家公司为评标对象，最后确定日本大成公司中标，与其签订合同，合同价8463万元，比标底14967万元低43%，合同工期为1597天
1984年11月	引水工程正式开工	
1988年8月13日	正式竣工	工程师签署了工程竣工移交证书，工程初步结算价9100万元，仅为标底的60.8%，比合同价增加7.53%，实际工期1475天，比合同工期提前122天

表1.2为各投标人的评标折算报价情况。按照国际惯例，只有前三名进入评标阶段，因此我国两家公司没有入选。这次国际竞争性招标，虽然国内公司享受7.5%的优惠，条件颇为有利，但未中标。

表1.2 鲁布革水电站引水工程国际公开招标评标折算报价

公　司	折算报价/万元	公　司	折算报价/万元
日本大成公司	8460	中国闽昆与挪威FHS联合公司	12210
日本前田公司	8800	南斯拉夫能源公司	13220
英波吉洛公司（意美联合）	9280	法国SBTP联合公司	17940
中国贵华与霍尔兹曼（前西德）联合公司	12000	前西德某公司	废标

日本大成公司采用总承包制，管理及技术人员仅30人左右，由国内企业分包劳务，采用科学的项目管理方法。比预期工期提前122天竣工，工程质量综合评价为优良。最终工程初步结算价为9100万元，仅为标底的60.8%。“鲁布革工程”受到我国政府的重视，号召建筑施工企业进行学习。

3. 鲁布革水电站引水工程招标投标的主要经验

鲁布革水电站引水工程进行国际招标和实行国际合同管理，在当时具有很大的超前性。鲁布革工程管理局作为既是“代理业主”又是“监理工程师”的机构设置，按合同进行项目管理的实践，使人耳目一新，所以当时到鲁布革水电站引水工程考察被称为“不出国的出国考察”。这是在20世纪80年代初我国计划经济体制还没有根本改变，建筑市场还没有形成，外部条件尚未充分具备的情况下进行的。而且只是在水电站引水工程进行国际招标，大坝枢纽和地下厂房工程以及机电安装仍由水电十四局负责施工，因此形成了一个工程两种管理体制并存的状况。这正好给了人们一个充分比较、研究、分析两种管理体制差异的极好机会。鲁布革水电站引水工程的国际招标实践和一个工程两种体制的鲜明对比，在中国工程界引起了强烈的反响。到鲁布革水电站引水工程参观考察的人几乎遍及全国各省市，鲁布革水电站引水工程的实践激发了人们对基本建设管理体制改革的强烈愿望。

4. 鲁布革水电站引水工程的管理经验

(1) 核心的经验是把竞争机制引入工程建设领域。

(2) 工程施工采用全过程总承包方式和科学的项目管理。

(3) 严格的合同管理和工程监理制。

在我国工程建设发展和改革过程中，鲁布革水电站的建设占有一定的历史地位，发挥了其重要的历史作用。

案 例 分 析 1.2

A 建设单位准备建一座图书馆，建筑面积 8000m^2，预算投资 400 万元，建设工期为 10 个月。工程采用公开招标的方式确定承包商。按照我国《招标投标法》和《建筑法》的规定，建设单位编制了招标文件，并向当地的建设行政主管部门提出招标申请，得到了批准。但是在招标之前，该建设单位就已经与甲施工公司进行了工程招标沟通，对投标价格、投标方案等实质性内容达成了一致的意向。招标公告发布后，有甲、乙、丙三家公司通过了资格预审。按照招标文件规定的时间、地点和招标程序，三家施工单位向建设单位递交了标书。在公开开标的过程中，甲和乙承包公司在施工技术、施工方案、施工力量和投标报价上相差不大，乙承包公司在总体技术和实力上较甲承包公司好一些。但是，定标的结果确定是甲承包公司。乙承包公司很不满意，但最终接受了这个竞标结果。20 多天后，一个偶然机会，乙承包公司接触到甲承包公司的一名中层管理人员，在谈到该建设单位的工程招标时，甲承包公司的这名员工透露说，在招标之前，该建设单位已经和甲公司进行了多次接触，中标条件和标底是双方议定的，参加投标的其他人都蒙在鼓里。对此情节，乙承包公司认为该建设单位严重违反了法律的有关规定，遂向当地的建设行政主管部门举报，要求建设行政管理部门依照职权宣布该招标结果无效。经建设行政管理部门审查，乙公司所陈述的事实属实，遂宣布本次招标结果无效。

问题：本案例涉及的是招标单位与投标单位相互串通而导致中标无效的问题。

案例分析要点：《工程建设项目施工招标投标办法》中列举了招标人与投标人串通投标的几种情形：①招标人在开标前开启招标文件并将投标情况告知其他投标人，或者协助投标人撤换投标文件，更改报价；②招标人向投标人泄露标底；③招标人与投标人商定，投标时压低或抬高标价，中标后再给投标人或招标人额外补偿；④招标人预先内定中标人；⑤其他串通投标行为。

本案中 A 建设单位的行为明显属于招标单位与投标单位相互串通投标行为。《招标投标法》第五十五条明确规定："依法必须进行招标的项目，招标人违反本法规定，与投标人就投标价格、投标方案等实质性内容进行谈判的，给予警告，对单位直接负责的主管人员和其他直接责任人员依法给予处分。前款所列行为影响中标结果的，中标无效。”

练 习 思 考 题

1. 单选题

(1) 关于建设工程交易中心的设置，每个地级以上城市（包括地、州、盟）只设（　）个，不按照行政管理部门分别设立。特大城市可以根据需要设立区域性分中心，在业务上受中心领导。

A. 1　　B. 2　　C. 3　　D. 4

(2) 包工不包料，又称包清工，实质上是（　）。即承包人（大多是分包人）仅提供劳务而不承担任何材料供应的义务。

A. 劳务承包　　B. 专业分包　　C. 总承包　　D. 转包

(3) 以不合理条件限制或排斥潜在投标人，对潜在投标人实行歧视待遇，或者限制投标人之间竞争的，责令改正，可以处以（　）元的罚款。

A. 1 万～5 万　　B. 5 万～10 万　　C. 10 万～15 万　　D. 15 万～20 万

2. 多选题

(1) 招标活动的基本原则有（　）。

A. 公开原则　　B. 公平原则　　C. 平等互利原则

D. 公正原则　　E. 诚实信用原则

(2) 招标人有下列行为之一的，属于以不合理条件限制、排斥潜在投标人或者投标人（　）。

A. 以获得过鲁班奖作为评标加分条件

B. 以获得过某省优质工程奖作为评标加分条件

C. 以做过一定规模的类似工程作为评标加分条件

D. 对潜在投标人或者投标人采取不同的资格审查或者评标标准

E. 限定或者指定特定的专利、商标、品牌、原产地或者供应商

(3) 执业资格存在许多共同点，包括（　）。

A. 均需要参加统一考试

B. 均需要注册，只有经过注册后才能成为注册执业人员

C. 均有各自的执业范围，注册执业人员只能在证书规定的执业范围内执业

D. 每一位注册执业人员都必须要及时更新知识，因此都必须要接受继续教育

E. 均分为一级注册和二级注册

3. 思考题

(1) 简述建设工程招标投标的概念。

(2) 建设工程招标投标活动的基本原则有哪些？

(3) 招标的组织形式有哪些？分别适用于哪些项目的招标？

(4) 建设工程招标投标法律体系包括哪些内容？

(5) 建设工程招标人和投标人在招标投标活动中需承担哪些法律责任？

第2章 建设工程招标

教学目标 了解建设工程招标的种类、范围；重点掌握建设工程招标的方式、招标的条件、招标的程序；熟悉资格审查的基本方法；能够编制招标文件。

2.1 建设工程招标概述

2.1.1 建设工程招标的概念

建设工程招标是指招标人（或发包人）将拟建工程对外发布信息，吸引有承包能力的单位参与竞争，按照法定程序优选承包单位的法律活动。

招标是招标人通过招标竞争机制，从众多投标人中择优选定一家承包单位作为建设工程承建者的一种建筑商品的交易方式。

2.1.2 建设工程招标的种类

1. 建设工程项目总承包招标

建设工程项目总承包招标也称为建设项目全过程招标，即通常所说的“交钥匙”工程。主要是从项目建议书开始，包括可行性研究、勘察设计、设备和材料询价及采购、工程施工、工业项目的生产准备，直至竣工验收和交付使用等实行全面招标。

2. 建设工程勘察设计招标

勘察设计招标就是把工程建设的勘察设计阶段的工作单独进行招标活动的总称。招标人就拟建工程的勘察、设计任务发布通告或发出邀请书，依法定方式吸引勘察设计单位参加竞争，勘察设计单位按照招标文件的要求，在规定的时间内向招标人填报标书，招标人从中择优选择中标单位完成工程勘察设计任务。

3. 建设工程材料和设备供应招标

材料和设备供应招标是指建筑材料和设备供应的招标活动全过程。在工程施工招标过程中，关于工程所需的建筑材料，一般分为施工单位全部包料、部分包料和由建设单位全部包料三种情况。与材料招标相同，设备招标要根据工程合同的规定，或是由建设单位负责招标，或者由施工单位负责招标。

建设工程材料和设备供应招标，既是指招标人就拟购买的材料设备发布公告或者邀请，以法定方式吸引建设工程材料设备供应商参加竞争，从中择优选择条件优越者购买其材料设备的行为。

4. 建设工程施工招标

工程施工招标就是工程施工阶段的招标活动全过程，其特点是招标范围灵活化、多样化，有利于施工的专业化。

5. 建设工程监理招标

建设工程监理招标，是指招标人为了委托监理任务的完成，以法定方式吸引监理单位参加竞争，从中选择条件优越的工程监理企业的行为。

2.1.3 建设工程招标方式

1. 公开招标

公开招标是指招标人通过报刊、广播、电视、信息网络或其他媒介，公开发布招标公告，招揽不特定的法人或其他组织参加招标的招标方式。

(1) 采用公开招标的主要优势：

1) 有利于招标人获得最合理的投标报价、取得最佳投资效益，使招标人能切实做到"货比多家"，有充分的选择余地。招标人利用投标人之间的竞争，一般都易选择出质量最好、工期最短、价格最合理的投资人承建工程，使自己获得较好的投资效益。

2) 有利于为潜在的投标人提供均等机会。采用公开招标能够保证所有合格的投标人都有机会参加投标，都以统一的客观衡量标准，衡量自身的生产条件，体现出竞争的公平性。

3) 公开招标是根据预先制定并众所周知的程序和标准公开而客观地进行的，能有效防止招标投标过程中的腐败现象发生。

(2) 公开招标存在的主要问题如下：

1) 因公开招标程序复杂，工作量较大，需准备的文件较多，故公开招标所需费用较大，时间较长。

2) 公开招标虽需提供书面材料，但这并不能完全反映投标人真实水平和情况。

2. 邀请招标

邀请招标是指招标人以投标邀请书的方式直接邀请若干家特定的法人或其他组织参加投标的招标形式。招标人采用邀请招标的，应当向三个以上具备承担投标能力、资信良好的特定的法人和其他组织发出投标邀请书。

邀请招标的优点主要表现如下：

(1) 招标所需的时间较短，且招标费用较省。一般而言，由于邀请招标时，被邀请的投标人都是经招标人事先选定，具备对招标工程投标资格的承包企业，故无须再进行投标人资格预审；又由于被邀请的投标人数量有限，可相应减少评标阶段的工作量及费用开支，因此邀请招标能以比公开招标更短的时间、更少的费用结束招标投标过程。

(2) 投标人不易串通抬价。因为邀请招标不公开进行，参与投标的承包企业不清楚其他被邀请人，所以，在一定程度上能避免投标人之间进行接触，使其无法串通抬价。

邀请招标也存在明显不足之处，主要表现为：不利于招标人获得最优报价，取得最佳投资效益。这是因为业主选择投标人，业主的选择相对于广阔、发达的市场，不可避免地存在一定局限性，业主很难对市场上所有承包商的情况都了解，常会漏掉一些在技术上、报价上都更具竞争力的承包企业；加上邀请招标的投标人数量既定，竞争有限，可供业主比较、选择的范围相对狭小，也就不易使业主获得最合理的报价。

3. 议标

议标是指招标人直接选定工程承包人，通过谈判，达成一致意见后直接签约。由于工程承包人在谈判之前一般就明确，不存在投标竞争对手，因此，也被称为“非竞争性招标”。

由于议标没有体现出招标投标“竞争性”这一本质特征，其实质是一种谈判。因此，在我国《招标投标法》中，没有将议标作为招标方式，并且规定了议标的适用范围和程序。

对不宜公开招标和邀请招标的特殊工程，应报主管机构，经批准后才可议标。参加议标的单位一般不得少于两家。议标也必须经过报价、比较和评定阶段，业主通常采用多家议标、“货比三家”的原则，择优录取。

2.1.4 建设工程招标的范围

1. 必须进行招标的范围

《招标投标法》有明确规定：“在中华人民共和国境内进行下列工程建设项目包括项目的勘察、设计、施工、监理以及与工程建设有关的重要设备、材料等的采购，必须进行招标：①大型基础设施、公用事业等关系社会公共利益、公众安全的项目；②全部或者部分使用国有资金投资或者国家融资的项目；③使用国际组织或者外国政府贷款、援助资金的项目。”

2018年6月1日起施行的《必须招标的工程项目规定》中明确规定建设工程必须招标的范围如下：

(1) 全部或者部分使用国有资金投资或者国家融资的项目。

1) 使用预算资金200万元人民币以上，并且该资金占投资额10%以上的项目。

2) 使用国有企业事业单位资金，并且该资金占控股或者主导地位的项目。

(2) 使用国际组织或者外国政府贷款、援助资金的项目。

1) 使用世界银行、亚洲开发银行等国际组织贷款、援助资金的项目。

2) 使用外国政府及其机构贷款、援助资金的项目。

(3) 对于不属于上面 (1) 和 (2) 规定情形的大型基础设施、公用事业等关系社会公共利益、公众安全的项目，必须招标的具体范围由国务院发展改革部门会同国务院有关部门按照确有必要、严格限定的原则制定、报国务院批准。

(4) 上面 (1)、(2)、(3) 规定范围内的项目，其勘察、设计、施工、监理以及与工程建设有关的重要设备、材料等的采购达到下列标准之一的，必须招标。

1) 施工单项合同估算价在400万元人民币以上。

2) 重要设备、材料等货物的采购，单项合同估算价在200万元人民币以上。

3) 勘察、设计、监理等服务的采购，单项合同估算价在100万元人民币以上。

同一项目中可以合并进行的勘察、设计、施工、监理以及与工程建设有关的重要设备、材料等的采购，合同估算价合计达到前款规定标准的，必须招标。

2. 可以不进行招标的工程项目

(1)《招标投标法》规定，依法必须招标的工程建设项目，有下列情形之一的，可不进行工程招标，需要审批的项目须由相关审批部门批准：

1）涉及国家安全、国家秘密或者抢险救灾而不适宜招标的。

2）属于利用扶贫资金实行以工代赈需要使用民工的。

3）建筑技术采用特定的专利或者专有技术的。

4）建筑企业自建自用工程，且该建筑企业资质等级符合工程要求的。

5）在建工程追加的附属小型工程或者主体加层工程，原中标人仍具备承包能力的。

6）法律、行政法规规定的其他情形。

(2)《招标投标法实施条例》进一步明确，除上述情形外，有下列情形之一的，可以不进行招标：

1）需要采用不可替代的专利或者专有技术。

2）采购人依法能够自行建设、生产或者提供。

3）已通过招标方式选定的特许经营项目投资人依法能够自行建设、生产或者提供。

4）需要向原中标人采购工程、货物或者服务，否则将影响施工或者功能配套要求。

5）国家规定的其他特殊情形。

招标人为适用上述规定弄虚作假的，属于规避招标行为。

3. 可以采取邀请招标方式的工程建设项目

国有资金占控股或者主导地位的依法必须进行招标的项目，应当公开招标；但有下列情形之一的，可以邀请招标：

(1) 技术复杂、有特殊要求或者受自然环境限制，只有少量潜在投标人可供选择。

(2) 采用公开招标方式的费用占项目合同金额的比例过大。

2.2 建设工程施工招标条件和程序

我国《招标投标法》中规定的招标工作包括招标、投标、开标、评标和中标几大步骤。建设工程施工招标是由一系列前后衔接、层次明确的工作步骤构成的。

2.2.1 建设工程项目施工招标的条件

1. 建设单位自行招标应当具备的条件

(1) 招标人是法人或依法成立的其他组织。

(2) 有与招标工程相适应的经济、技术、管理人员。

(3) 有组织编制招标文件的能力。

(4) 有审查投标单位资质的能力。

(5) 有组织开标、评标的能力。

不具备上述（2）～（5）项条件的，须委托具有相应资格的招标代理机构代理招标。

2. 工程建设项目招标应当具备的条件

依法必须招标的工程建设项目，应当具备下列条件才能进行工程招标。

(1) 招标人已经依法成立。

(2) 初步设计及概算应当履行审批手续的，已经批准。

（3）招标范围、招标方式和招标组织形式等应当履行核准手续的，已经核准。

（4）有相应的资金或资金来源已经落实。

（5）有招标所需的设计图纸及技术资料。

上述规定的主要目的在于促使建设单位严格按基本建设程序办事，防止“三边”工程的现象发生，并确保招标工作的顺利进行。

2.2.2 建设工程项目施工招标程序

招标程序是指招标活动的内容的逻辑关系，建设工程项目施工公开招标程序如图2.1所示。

1. 建设工程项目报建

建设工程项目由建设单位或其代理机构在工程项目可行性研究报告或其他立项文件被批准后，须向当地建设行政主管部门或其授权机构进行报建，交验工程项目立项的批准文件，包括银行出具的资信证明以及批准的建设用地等其他有关文件。

（1）实行报建制度的工程范围。凡在我国境内投资兴建的所有建设工程项目，都必须实行报建制度，接受当地建设行政主管部门或其授权机构的监督管理。建设工程项目是指各类房屋建筑、土木工程、设备安装、管道线路敷设、装饰装修等固定资产投资的新建、扩建、改建以及技改等建设项目。

（2）报建内容。建设工程项目的报建内容主要包括：①工程名称；②建设地点；③投资规模；④资金来源；⑤当年投资额；⑥工程规模；⑦开工、竣工日期；⑧发包方式；⑨工程筹建情况。

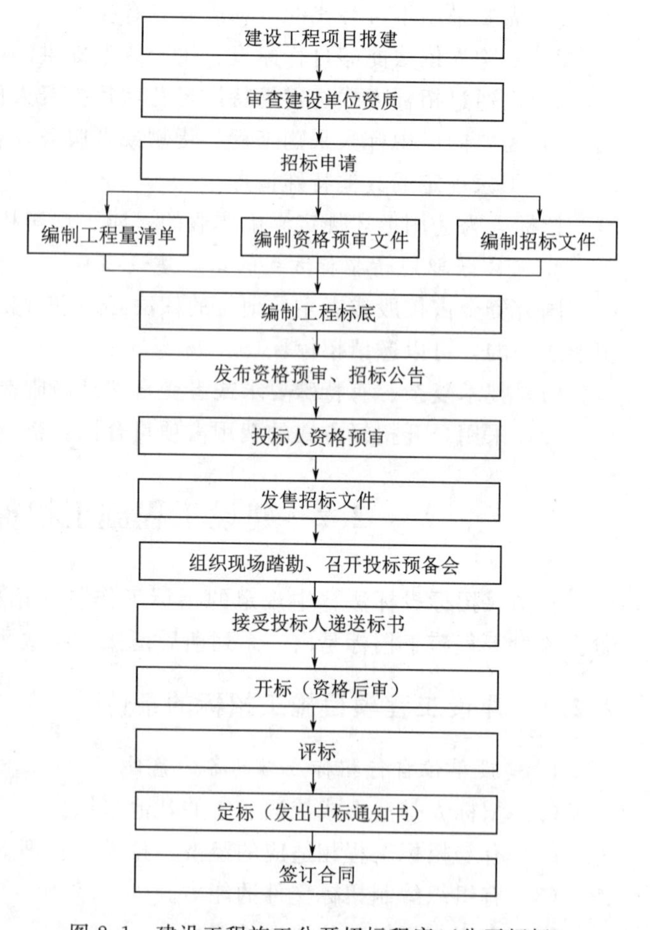

图2.1 建设工程施工公开招标程序（公开招标）

（3）报建程序：

1）建设单位到建设行政主管部门或其授权机构领取“建设工程项目报建表”。

2）建设单位按报建表的内容及要求认真填写。

3）建设单位向建设行政主管部门或其授权机构报送“建设工程项目报建表”及相关资料，并按要求进行招标准备。

凡未报建的建设工程项目，不得办理招标投标手续和发放施工许可证，设计、施工单位不得承接该项工程的设计和施工任务。

2. 建设单位招标的资格审查

(1) 是法人或依法成立的其他组织。

(2) 有与招标工程相适应的经济、技术、管理人员。

(3) 有组织编制招标文件的能力。

(4) 有审查投标单位资质的能力。

(5) 有组织开标、评标的能力。

依法必须进行招标的项目，招标人自行办理招标事宜的，应当向有关行政监督部门备案。不具备以上条件的，须委托招标代理机构办理招标。任何单位和个人不得以任何方式为招标人指定招标代理机构，也不得强制招标人委托招标代理机构办理招标事宜。

3. 招标文件编制与备案

招标人应当根据招标项目的特点和需要编制资格预审文件和招标文件，并按规定报送招标投标监管机构审查备案。编制依法必须进行招标的项目的资格预审文件和招标文件，应当使用国务院发展改革部门会同有关行政监督部门制定的标准文本。

4. 编制工程标底

招标人设有工程标底的，当招标文件的商务条款一经确定，即可进入标底编制阶段。

5. 发布资格预审、招标公告

进行资格审查的项目，需要发布资格预审公告；不进行资格预审的项目，则直接发布招标公告。招标人发布资格预审公告和招标公告，需通过报刊、广播、电视等公开媒体或者信息网进行发布。依法必须进行招标的项目的资格预审公告和招标公告，应当在国务院发展改革部门依法指定的媒介发布。在不同媒介发布的同一招标项目的资格预审公告或者招标公告的内容应当一致。指定媒介发布依法必须进行招标的项目的境内资格预审公告、招标公告，不得收取费用。

6. 资格预审

由招标人对申请参加投标的潜在投标人进行资质条件、业绩、信誉、技术、资金等多方面的情况进行资格审查。只有在资格预审中被认定为合格的潜在投标人（或者投标人），才可以参加投标。

7. 发售招标文件

招标人将招标文件、图纸和有关技术资料发售给通过资格预审获得投标资格的投标人。投标人收到招标文件、图纸和有关资料后，应认真核对，核对无误后，应以书面形式予以确认。

招标人应当按资格预审公告、招标公告或者投标邀请书规定的时间、地点出售招标文件。自招标文件开始出售之日到停止出售之日止，最短不得少于5日。

招标人发售招标文件收取的费用应当限于补偿印刷、邮寄的成本支出，不得以营利为目的。对于所附的设计文件，可以酌情收取押金；开标后投标人退还设计文件的，招标人应向投标人退还押金。

招标文件售出后，不予退还。招标人在发布招标公告或者售出招标文件或者资格预审文件后不得擅自终止招标。

8. 踏勘现场

招标人根据招标项目的具体情况，可以组织投标人踏勘现场，向其介绍工程场地和相关环境的有关情况。潜在投标人依据招标人介绍情况作出的判断和决策，由投标人自行负责。招标人不得组织单个或者部分潜在投标人踏勘项目现场。

9. 招标文件答疑

投标人应在招标文件规定的时间前，以书面形式将提出的问题送达招标人，由招标人以投标预备会或以书面答疑的方式澄清。

招标文件中规定召开投标预备会的，招标人按规定的时间和地点召开投标预备会，澄清投标人提出的问题。预备会后，招标人需要在招标文件中规定的时间之前，将对投标人所提问题的澄清，以书面方式通知所有购买招标文件的投标人。

如果是采用书面形式答疑，招标人则直接将所提问题的澄清，在招标文件中规定的时间之前，以书面方式通知所有购买招标文件的投标人。

潜在投标人或者其他利害关系人对招标文件有异议的，应当在投标截止时间10日前提出。招标人应当自收到异议之日起3日内作出答复；作出答复前，应当暂停招标投标活动。

10. 接收投标文件

投标人根据招标文件的要求，编制投标文件，并进行密封和标识，在投标截止时间前按规定地点提交至招标人。招标人按照招标文件中规定的时间和地点接收投标文件。未通过资格预审的申请人提交的投标文件，以及逾期送达或者不按照招标文件要求密封的投标文件，招标人应当拒收。招标人应当如实记载投标文件的送达时间和密封情况，并存档备查。依法必须招标的项目，自招标文件开始发出之日至投标人提交投标文件截止之日止，最短不得少于20日。

11. 开标

招标人在招标文件中确定的提交投标文件截止日期的同一时间即开标时间，按招标文件中预先确定的地点，按规定的议程进行公开开标，并邀请所有投标人的法定代表人或其委托代理人准时参加。

12. 评标

由招标人依法组建评标委员会，在招标投标监管机构的监督下，依据招标文件规定的评标标准和方法，对投标人的报价、工期、质量、主要材料用量、施工方案或施工组织设计、以往业绩、社会信誉、优惠条件等方面进行评价，提出书面评标报告，推荐中标候选人。

13. 定标

依法必须进行招标的项目，招标人应当自收到评标报告之日起3日内公示中标候选人，公示期不得少于3日。投标人或者其他利害关系人对依法必须进行招标的项目的评标结果有异议的，应当在中标候选人公示期间提出。招标人应当自收到异议之日起3日内作出答复；作出答复前，应当暂停招标投标活动。

招标人根据评标报告和推荐的中标候选人确定中标人。招标人也可以授权评标委员会直接确定中标人。

14. 发出中标通知书

中标人选定由招标投标监管机构核准，获准后在招标文件中规定的投标有效期内招标人以书面形式向中标人发出“中标通知书”，同时将中标结果通知未中标的投标人。

15. 合同签订

招标人与中标人应当在中标通知书发出之日起30日内，按照招标文件签订书面工程承包合同。

依法必须招标的项目，招标人应当自确定中标人之日起15日内，向当地有关建设行政监督部门提交招标投标情况的书面报告。书面报告包括以下内容：招标范围；招标方式和发布招标公告的媒介；招标文件中投标人须知、技术条款、评标标准和方法、合同主要条款等内容；评标委员会的组成和评标报告；中标结果。

建设工程项目施工邀请招标程序与公开招标基本相同。其不同点主要是没有资格预审环节，也不公开发布招标公告或资格预审公告，但增加了发出投标邀请书的环节。

招标人终止招标的，应当及时发布公告，或者以书面形式通知被邀请的或者已经获取资格预审文件、招标文件的潜在投标人。已经发售资格预审文件、招标文件或者已经收取投标保证金的，招标人应当及时退还所收取的资格预审文件、招标文件的费用，以及所收取的投标保证金及银行同期存款利息。

2.3 建设工程施工招标的资格审查

招标人可以根据招标项目本身的特点和需要，要求潜在投标人或者投标人提供满足其资格要求的文件，对潜在投标人或者投标人进行资格审查。

2.3.1 资格预审的作用

(1) 排除不合格的投标人。对于许多招标项目来说，投标人的基本条件对招标项目能否完成具有极其重要的意义。如工程建设，必须具有相应条件的承包人才能按质按期完成。招标人可以在资格预审中设置基本的要求，将不具备基本要求的投标人排除在外。

(2) 降低招标人的招标成本，提高招标工作效率。如果招标人对所有有意参加投标的投标人都允许投标，则招标、评标的工作量势必会增大，招标的成本也会增大。经过资格预审程序，招标人对想参加投标的潜在投标人进行初审，对不可能中标和没有履约能力的投标人进行筛选，把有资格参加投标的投标人控制在一个合理的范围内，既有利于选择到合适的投标人，也节省了招标成本，可以提高正式开始招标的工作效率。

(3) 可以吸引实力雄厚的投标人。实力雄厚的潜在投标人有时不愿意参加竞争过于激烈的招标项目，因为编写投标文件费用较高，而一些基本条件较差的投标人往往会进行恶性竞争。资格预审可以确保只有基本条件较好的投标人参加投标，这对实力雄厚的潜在投标人具有较大的吸引力。

2.3.2 资格审查的分类

资格审查分为资格预审和资格后审。

资格预审是指在投标前对潜在投标人进行的资格审查。资格预审是在招标阶段对申请投标人第一次筛选，目的是审查投标人的企业总体能力是否适合招标工程的需要。只有在公开招标时才设置此程序。

资格后审是指在开标后对投标人进行的资格审查。进行资格审查的，一般不再进行资格后审，但招标文件另有规定的除外。资格后审适用于那些工期紧迫、工程较为简单的建设项目，审查的内容与资格预审基本相同。

2.3.3 资格审查的主要内容

无论是采用预审还是后审，主要审查的都是投标申请人是否符合下列条件：

(1) 具有独立订立合同的权利。

(2) 具有履行合同的能力，包括专业、技术资格和能力，资金、设备和其他物质设施状况，管理能力，经验、信誉和相应的从业人员的能力。

(3) 没有处于被责令停业，投标资格被取消，财产被接管、冻结，破产状态。

(4) 在最近三年内没有骗取中标和严重违约及重大工程质量问题。

(5) 法律、行政法规规定的其他资格条件。

2.3.4 资格审查的方法

资格审查的方法一般分为合格制和有限数量制两种。合格制即不限定资格审查合格者数量，凡通过各项资格审查设置的考核因素和标准者均可参加投标。有限数量制则预先限定通过资格预审的人数，依据资格审查标准和程序，将审查的各项指标量化，最后按得分由高到低的顺序确定资格预审的申请人。通过资格预审的申请人不得超过限定的数量。

2.3.5 资格预审的程序

资格预审的程序为招标人（招标代理人）编制资格预审文件、发布资格预审公告、发售资格预审文件、接收投标申请人提交的资格预审申请文件，对资格预审申请文件进行评审并编写评审报告、将评审结果通知相关申请人。

1. 编制资格预审文件

采取资格预审的工作项目，招标人须编制资格预审文件。自行组织招标的，资格预审文件由招标人自行编制；委托代理招标的，由招标代理机构编制。编制依法必须进行招标的项目的资格预审文件，应当使用国务院发展改革部门会同有关行政监督部门制定的标准文本。

2. 发布资格预审公告

招标人采用资格预审办法对潜在投标人进行资格审查的，应当在公开媒体上发布资格预审公告。依法必须进行招标的项目的资格预审公告，应当在国务院发展改革部门依法指定的媒介发布。在不同媒介发布的同一招标项目的资格预审公告的内容应当一致。指定媒介发布依法必须进行招标的项目的境内资格预审公告，不得收取费用。

3. 发售资格预审文件

招标人应当按照资格预审公告中规定的时间和地点发售资格预审文件。资格预审文件发售期不得少于5日。招标人发售资格预审文件、招标文件收取的费用应当限于补偿印刷、邮寄的成本支出，不得以营利为目的。

招标人可以对已发出的资格预审文件进行必要的澄清或者修改。澄清或者修改的内容可能影响资格预审申请文件编制的，招标人应当在提交资格预审申请文件截止时间至少3日前，以书面形式通知所有获取资格预审文件的潜在投标人；不足3日的，招标人应当顺延提交资格预审申请文件的截止时间。

资格预审文件的澄清与修改必须以书面的形式进行，当资格预审文件、资格预审文件澄清或修改等在同一内容的表述上不一致时，以最后发出的书面文件为准。

4. 接收资格预审申请文件

申请人根据资格预审文件的要求，编制资格预审申请文件，并进行密封和标识，在申请截止时间前按规定地点提交至招标人。招标人按照资格预审文件中规定的时间和地点接收资格预审文件。招标人收到资格预审文件后，填写申请文件递交时间和密封及标识检查记录表，并由双方签字确认。

依法必须招标的项目，自资格预审文件停止发售之日起至投标人提交申请文件截止之日止，最短不得少于5日。

潜在投标人或者其他利害关系人对资格预审文件有异议的，应当在提交资格预审申请文件截止时间2日前提出；招标人应当自收到异议之日起3日内作出答复；作出答复前，应当暂停招标投标活动。

5. 资格审查

资格审查由招标人依法组成的审查委员会进行，资格审查应当按照资格预审文件规定的详细程序进行，资格预审文件中没有规定的方法和标准不得作为审查依据。

资格审查的程序分为以下五个步骤：

(1) 初步审查。初步审查是一般符合性审查。

(2) 详细审查。通过第一阶段的初步审查后，即可进入详细审查阶段。审查的重点在于投标人财务能力、技术能力和施工经验等内容。

(3) 资格预审申请文件的澄清。在审查过程中，审查委员会可以以书面形式，要求申请人对所提交的资格预审申请文件中不明确的内容进行必要的澄清或说明。申请人的澄清或说明应采用书面形式，并不得改变资格预审申请文件的实质性内容。申请人的澄清或说明内容属于资格预审申请文件的组成部分。招标人和审查委员会不接受申请人主动提出的澄清或说明。

(4) 提交审查报告。按照规定的程序对资格预审申请文件完成审查后，确定通过资格预审的申请人名单，并向招标人提交书面审查报告。

通过资格预审申请人的数量不足3个的，招标人重新组织资格预审或不再组织资格预审而直接招标。

资格预审评审报告一般包括工程项目概述、资格预审工作简介、资格评审结果和资格评审表附件内容。

6. 发出资格预审合格通知书

资格预审后，招标人应当向合格的投标申请人发出资格预审合格通知书（投标邀请书），告知获取招标文件的时间、地点和方法，并同时向资格预审不合格的投标申请人发出资格预审结果通知书，告知资格预审结果。资格预审不合格的申请人不具有投标资格。

通过资格预审的申请人收到投标邀请书后，应在申请人须知前附表规定的时间内以书面形式明确表示是否参加投标。在申请人须知前附表规定时间内未表示是否参加投标或明确表示不参加投标的，不得再参加投标。通过资格预审的申请人少于3个的，应当重新招标。

2.3.6 资格预审文件

由国家发展改革委等部委联合编制的《中华人民共和国标准施工招标资格预审文件》，2007年11月1日国家发改委令第56号发布，于2008年5月1日起在全国试行。2010年，住房和城乡建设部又发布了配套的《房屋建筑和市政工程标准施工招标资格预审文件》（简称《行业标准施工招标资格预审文件》），广泛适用于一定规模以上的房屋建筑和市政工程的施工招标的资格预审文件编制。

《行业标准施工招标资格预审文件》由以下五个部分组成。

2.3.6.1 资格预审公告

资格预审公告的具体内容和形式如下：

____________（项目名称）____________标段施工招标

资格预审公告（代招标公告）

1. 招标条件

本招标项目____________（项目名称）已由____________（项目审批、核准或备案机关名称）以____________（批文名称及编号）批准建设，项目业主为________，建设资金来自________（资金来源），项目出资比例为________，招标人为________，招标代理机构为________。项目已具备招标条件，现进行公开招标，特邀请有兴趣的潜在投标人（以下简称申请人）提出资格预审申请。

2. 项目概况与招标范围

________________________[说明本次招标项目的建设地点、规模、计划工期、合同估算价、招标范围、标段划分（如果有）等]。

3. 申请人资格要求

3.1 本次资格预审要求申请人具备____________资质，____________（类似项目描述）业绩，并在人员、设备、资金等方面具备相应的施工能力，其中，申请人拟派项目经理须具备________专业________级注册建造师执业资格和有效的安全生产考核合格证书，且未担任其他在施建设工程项目的项目经理。

3.2 本次资格预审________（接受或不接受）联合体资格预审申请。联合体申请资格预审的，应满足下列要求：________。

3.3 各申请人可就本项目上述标段中的____（具体数量）个标段提出资格预审申请，但最多允许中标____（具体数量）个标段（适用于分标段的招标项目）。

4. 资格预审方法

本次资格预审采用____（合格制/有限数量制）。采用有限数量制的，当通过详细审查的申请人多于____家时，通过资格预审的申请人限定为____家。

5. 申请报名

凡有意申请资格预审者，请于____年____月____日至____年____月____日（法定公休日、法定节假日除外），每日上午____时至____时，下午____时至____时（北京时间，下同），在______________（有形建筑市场/交易中心名称及地址）报名。

6. 资格预审文件的获取

6.1 凡通过上述报名者，请于____年____月____日至____年____月____日（法定公休日、法定节假日除外），每日上午____时至____时，下午____时至____时，在____（详细地址）持单位介绍信购买资格预审文件。

6.2 资格预审文件每套售价________元，售后不退。

6.3 邮购资格预审文件的，需另加手续费（含邮费）____元。招标人在收到单位介绍信和邮购款（含手续费）后____日内寄送。

7. 资格预审申请文件的递交

7.1 递交资格预审申请文件截止时间（申请截止时间，下同）为____年____月____日____时____分，地点为__________________（有形建筑市场/交易中心名称及地址）。

7.2 逾期送达或者未送达指定地点的资格预审申请文件，招标人不予受理。

8. 发布公告的媒介

本次资格预审公告同时在__________________________（发布公告的媒介名称）上发布。

9. 联系方式

招 标 人：______________________	招标代理机构：__________________
地　　址：______________________	地　　址：______________________
邮　　编：______________________	邮　　编：______________________
联 系 人：______________________	联 系 人：______________________
电　　话：______________________	电　　话：______________________
传　　真：______________________	传　　真：______________________
电子邮件：______________________	电子邮件：______________________
网　　址：______________________	网　　址：______________________
开户银行：______________________	开户银行：______________________
账　　号：______________________	账　　号：______________________

____年____月____日

2.3.6.2 申请人须知

《行业标准施工招标资格预审文件》第二章为申请人须知，是资格预审文件中非常重要的部分，申请人在申请资格预审时必须仔细阅读和理解，按申请人须知中的要求申请资格预审。在申请人须知前有申请人须知前附表，将须知中的重要条款规定内容列出，以便使申请人在整个过程中严格遵守和深入考虑。申请人须知前附表见表2.1。

表2.1 申请人须知前附表

条款号	条款名称	编列内容
1.1.2	招标人	名　　称： 地　　址： 联 系 人： 电　　话： 电子邮件：
1.1.3	招标代理机构	名　　称： 地　　址： 联 系 人： 电　　话： 电子邮件：
1.1.4	项目名称	
1.1.5	建设地点	
1.2.1	资金来源	
1.2.2	出资比例	
1.2.3	资金落实情况	
1.3.1	招标范围	
1.3.2	计划工期	计划工期：________日历天 计划开工日期：___年___月___日 计划竣工日期：___年___月___日
1.3.3	质量要求	质量标准：
1.4.1	申请人资质条件、能力和信誉	资质条件： 财务要求： 业绩要求：____（与资格预审公告要求一致） 信誉要求： （1）诉讼及仲裁情况。 （2）不良行为记录。 （3）合同履约率。 项目经理资格：______专业____级（含以上级）注册建造师执业资格和有效的安全生产考核合格证书，且未担任其他在施建设工程项目的项目经理。 其他要求： （1）拟投入主要施工机械设备情况。 （2）拟投入项目管理人员。 （3）……

续表

条款号	条款名称	编列内容
1.4.2	是否接受联合体资格预审申请	□不接受 □接受，应满足下列要求： 其中：联合体资质按照联合体协议约定的分工认定，其他审查标准按联合体协议中约定的各成员分工所占合同工作量的比例，进行加权折算
2.2.1	申请人要求澄清 资格预审文件的截止时间	
2.2.2	招标人澄清 资格预审文件的截止时间	
2.2.3	申请人确认收到 资格预审文件澄清的时间	
2.3.1	招标人修改 资格预审文件的截止时间	
2.3.2	申请人确认收到 资格预审文件修改的时间	
3.1.1	申请人需补充的其他材料	(1) 其他企业信誉情况表。 (2) 拟投入主要施工机械设备情况。 (3) 拟投入项目管理人员情况。 ……
3.2.4	近年财务状况的年份要求	____年，指____年____月____日起至____年____月____日止
3.2.5	近年完成的类似项目的年份要求	____年，指____年____月____日起至____年____月____日止
3.2.7	近年发生的诉讼及 仲裁情况的年份要求	____年，指____年____月____日起至____年____月____日止
3.3.1	签字和（或）盖章要求	
3.3.2	资格预审申请文件副本份数	____份
3.3.3	资格预审申请文件的装订要求	□不分册装订 □分册装订，共分____册，分别为： 每册采用____方式装订，装订应牢固、不易拆散和换页，不得采用活页装订
4.1.2	封套上写明	招标人的地址： 招标人全称： ______（项目名称）____标段施工招标资格预审申请文件在____年____月____日____时____分前不得开启
4.2.1	申请截止时间	____年____月____日____时____分
4.2.2	递交资格预审申请文件的地点	
4.2.3	是否退还资格预审申请文件	□否 □是，退还安排：

续表

条款号	条 款 名 称	编 列 内 容
5.1.2	审查委员会人数	审查委员会构成：____人，其中招标人代表____人（限招标人在职人员，且应当具备评标专家的相应的或者类似的条件），专家____人； 审查专家确定方式：________________
5.2	资格审查方法	□合格制 □有限数量制
6.1	资格预审结果的通知时间	
6.3	资格预审结果的确认时间	
9	需要补充的其他内容	
9.1	词语定义	
9.1.1	类似项目	
	类似项目是指：	
9.1.2	不良行为记录	
	不良行为记录是指：	
……	……	
9.2	资格预审申请文件编制的补充要求	
9.2.1	“其他企业信誉情况表”应说明企业不良行为记录、履约率等相关情况，并附相关证明材料，年份同第3.2.7项的年份要求	
9.2.2	“拟投入主要施工机械设备情况”应说明设备来源（包括租赁意向）、目前状况、停放地点等情况，并附相关证明材料	
9.2.3	“拟投入项目管理人员情况”应说明项目管理人员的学历、职称、注册执业资格、拟任岗位等基本情况，项目经理和主要项目管理人员应附简历，并附相关证明材料	
9.3	通过资格预审的申请人（适用于有限数量制）	
9.3.1	通过资格预审的申请人分为“正选”和“候补”两类。资格审查委员会应当根据“资格审查办法（有限数量制）”的排序，对通过详细审查的申请人按得分由高到低顺序，将不超过“资格审查办法（有限数量制）”规定数量的申请人列为通过资格预审的申请人（正选），其余的申请人依次列为通过资格预审的申请人（候补）	
9.3.2	根据本表第6.1款的规定，招标人应当首先向通过资格预审的申请人（正选）发出投标邀请书	
9.3.3	根据本表第6.3款的规定，通过资格预审的申请人项目经理不能到位或者利益冲突等原因导致潜在投标人数量少于“资格审查办法（有限数量制）”第1条规定的数量的，招标人应当按照通过资格预审申请人（候补）的排名次序，由高到低依次递补	
9.4	监督	
	本项目资格预审活动及其相关当事人应当接受有管辖权的建设工程招标投标行政监督部门依法实施的监督	
9.5	解释权	
	本资格预审文件由招标人负责解释	
9.6	招标人补充的内容	
……	……	

2.3.6.3 资格审查办法

根据《行业标准施工招标资格预审文件》，资格审查办法分为合格制和有限数量制，本章内容包括前附表和正文条款、附件三个部分，前附表列出了各条款的重要内容，包括全部审查因素和审查标准。资格审查办法前附表见表 2.2 和表 2.3。

表 2.2　　　　资格审查办法（合格制）前附表

<table>
<tr><th colspan="2">条款号</th><th colspan="3">审查因素</th><th>审查标准</th></tr>
<tr><td rowspan="5">2.1</td><td rowspan="5">初步审查标准</td><td colspan="3">申请人名称</td><td>与营业执照、资质证书、安全生产许可证一致</td></tr>
<tr><td colspan="3">申请函签字盖章</td><td>有法定代表人或其委托代理人签字并加盖单位章</td></tr>
<tr><td colspan="3">申请文件格式</td><td>符合“资格预审申请文件格式”的要求</td></tr>
<tr><td colspan="3">联合体申请人（如有）</td><td>提交联合体协议书，并明确联合体牵头人</td></tr>
<tr><td colspan="3">……</td><td>……</td></tr>
<tr><td rowspan="12">2.2</td><td rowspan="12">详细审查标准</td><td colspan="3">营业执照</td><td>具备有效的营业执照
是否需要核验原件：□是　□否</td></tr>
<tr><td colspan="3">安全生产许可证</td><td>具备有效的安全生产许可证
是否需要核验原件：□是　□否</td></tr>
<tr><td colspan="3">资质等级</td><td>符合“申请人须知”第 1.4.1 项规定
是否需要核验原件：□是　□否</td></tr>
<tr><td colspan="3">财务状况</td><td>符合“申请人须知”第 1.4.1 项规定
是否需要核验原件：□是　□否</td></tr>
<tr><td colspan="3">类似项目业绩</td><td>符合“申请人须知”第 1.4.1 项规定
是否需要核验原件：□是　□否</td></tr>
<tr><td colspan="3">信誉</td><td>符合“申请人须知”第 1.4.1 项规定
是否需要核验原件：□是　□否</td></tr>
<tr><td colspan="3">项目经理资格</td><td>符合“申请人须知”第 1.4.1 项规定
是否需要核验原件：□是　□否</td></tr>
<tr><td rowspan="3">其他要求</td><td>(1)</td><td>拟投入主要施工机械设备</td><td rowspan="3">符合“申请人须知”第 1.4.1 项规定</td></tr>
<tr><td>(2)</td><td>拟投入项目管理人员</td></tr>
<tr><td>……</td><td>……</td></tr>
<tr><td colspan="3">联合体申请人（如有）</td><td>符合“申请人须知”第 1.4.2 项规定</td></tr>
<tr><td colspan="3">……</td><td>……</td></tr>
<tr><td colspan="2">3</td><td colspan="3">核验原件的具体要求</td><td></td></tr>
<tr><td colspan="2">3.1.2</td><td colspan="3">审查程序</td><td>详见资格审查详细程序</td></tr>
<tr><td colspan="2">……</td><td colspan="3">……</td><td>……</td></tr>
</table>

表 2.3　　资格审查办法（有限数量制）前附表

条款号		条款名称	编列内容
1		通过资格预审的人数	当通过详细审查的申请人多于____家时，通过资格预审的申请人限定为____家
2		审查因素	审查标准
2.1	初步审查标准	申请人名称	与营业执照、资质证书、安全生产许可证一致
		申请函签字盖章	有法定代表人或其委托代理人签字并加盖单位章
		申请文件格式	符合“资格预审申请文件格式”的要求
		联合体申请人（如有）	提交联合体协议书，并明确联合体牵头人
		……	……
2.2	详细审查标准	营业执照	具备有效的营业执照 是否需要核验原件：□是　□否
		安全生产许可证	具备有效的安全生产许可证 是否需要核验原件：□是　□否
		资质等级	符合“申请人须知”第 1.4.1 项规定 是否需要核验原件：□是　□否
		财务状况	符合“申请人须知”第 1.4.1 项规定 是否需要核验原件：□是　□否
		类似项目业绩	符合“申请人须知”第 1.4.1 项规定 是否需要核验原件：□是　□否
		信誉	符合“申请人须知”第 1.4.1 项规定 是否需要核验原件：□是　□否
		项目经理资格	符合“申请人须知”第 1.4.1 项规定 是否需要核验原件：□是　□否
		其他要求 (1) 拟投入主要施工机械设备	符合“申请人须知”第 1.4.1 项规定
		其他要求 (2) 拟投入项目管理人员	
		其他要求 …… ……	
		联合体申请人（如有）	符合“申请人须知”第 1.4.2 项规定
		……	……
2.3	评分标准	评分因素	评分标准
		财务状况	……
		项目经理	……
		类似项目业绩	……
		认证体系	……
		信誉	……
		生产资源	……
		……	……
3		核验原件的具体要求	
3.1.2		审查程序	详见资格审查详细程序
……		……	……

2.3.6.4 资格预审文件格式

《行业标准施工招标资格预审文件》列出了资格审查文件内容和格式的具体要求，具体内容见本书第3章。

2.3.6.5 建设项目概况

列出项目说明、建设条件、建设要求以及其他需要说明的情况。

2.4 建设工程施工招标文件的编制

工程招标文件是由招标单位或其委托的招标代理机构编制并发布的进行工程招标的纲领性、实施性文件。该文件提出的各项要求，各投标单位及选中的中标单位必须遵守。招标文件对招标单位自身同样具有法律约束力。

2.4.1 《标准施工招标文件》的具体内容

《标准施工招标文件》共包括四卷八章。

第一卷　第一章　招标公告（投标邀请书）。

　　　　第二章　投标人须知。

　　　　第三章　评标方法。

　　　　第四章　合同条款及格式。

　　　　第五章　工程量清单。

第二卷　第六章　图纸。

第三卷　第七章　技术标准和要求。

第四卷　第八章　投标文件格式。

2.4.2 施工招标文件的编写要求

2.4.2.1 招标公告（投标邀请书）

招标公告（投标邀请书）应当载明招标人的名称和地址、招标项目的性质、数量、实施地点和时间以及获取招标文件的办法等事项。招标人采用公开招标方式的，应当发布招标公告。依法必须进行招标的项目的招标公告，应当通过国家指定的报刊、信息网络或者其他媒介发布。

在不同媒介发布的同一招标项目的资格预审公告或者招标公告的内容应当一致。指定媒介发布依法必须进行招标项目的境内资格预审公告、招标公告，不得收取费用。招标公告具体如下。

____(项目名称)____施工招标公告

1. 招标条件

本招标项目____________(项目名称)已由____________(项目审批、核准或备案机关名称)以____________(批文名称、文号、项目代码)批准建设，招标人(项目业主)为____________，建设资金来自____________(资金来源)，项目出资比例为____________。项目已具备招标条件，现对该项目的施工进行公开招标。

2. 项目概况与招标范围

项目招标编号：____________________________________

报建号（如有）：__________________________________

建设地点：____

建设规模：____

合同估算价：______________________________________

要求工期：________日历天；定额工期：______日历天

招标范围：____

标段划分：____

设计单位：____

勘察单位：____

3. 投标人资格要求

3.1 本次招标要求投标人须具备__________资质，________业绩，并在人员、设备、资金等方面具备相应的施工能力。其中，投标人拟派项目经理须具备________专业____级以上（含本级）注册建造师执业资格，具备有效的安全生产考核合格证书，且未担任其他在施建设工程项目的项目经理。

3.2 本次招标_____（接受或不接受）联合体投标。联合体投标的，应满足下列要求：____。

3.3 各投标人可就本招标项目上述标段中的_____（具体数量）个标段投标。但投标人应就不同标段派出不同的项目经理和项目专职安全员，否则同一项目经理或项目专职安全员所投其他标段作否决投标处理（符合桂建管〔2013〕17号和桂建管〔2014〕25号文除外）。

4. 招标文件的获取

凡有意参加投标者，请于____年____月____日至____年____月____日（法定公休日、法定节假日除外），每日上午____时至____时，下午____时至____时（北京时间，下同），在____（有形建筑市场/交易中心名称及地址）报名。

5. 招标文件的获取

5.1 凡通过上述报名者，请于____年____月____日至____年____月____日（法定公休日、法定节假日除外），每日上午____时至____时，下午____时至____时，在____（详细地址）持单位介绍信购买招标文件。

5.2 招标文件每套售价______元，售后不退。图纸押金______元，在退还图纸时退还（不计利息）。

5.3 邮购招标文件的，需另加手续费（含邮费）______元。招标人在收到单位介绍信和邮购款（含手续费）后______日内寄送。

6. 投标文件的递交

6.1 投标文件递交的截止时间（投标截止时间，下同）为____年____月____日____时____分，地点为______________（有形建筑市场交易中心名称及地址）。

6.2 逾期送达的或者未送达指定地点的投标文件，招标人不予受理。

7. 发布公告的媒介

本次招标公告同时在______（发布公告的媒体名称）发布。

8. 联系方式

招 标 人：______	招标代理机构：______
地　　址：______	地　　址：______
邮　　编：______	邮　　编：______
联 系 人：______	联 系 人：______
电　　话：______	电　　话：______
传　　真：______	传　　真：______
电子邮箱：______	电子邮箱：______
网　　址：______	网　　址：______
开户银行：______	开户银行：______
账　　号：______	账　　号：______

____年____月____日

2.4.2.2 投标人须知

《行业标准施工招标文件》和试点项目招标人编制的施工招标文件，应不加修改地引用《标准施工招标文件》中的投标人须知，“投标人须知前附表”用于进一步明确“投标人须知”正文中的未尽事宜，试点项目招标人应结合招标项目具体特点和实际需要编制和填写，但不得与“投标人须知”正文内容相抵触，否则抵触内容无效。投标人须知前附表见表2.4。

表2.4　　投标人须知前附表

条款号	条款名称	编列内容
1.1.2	招标人	名　称： 地　址： 联系人： 电　话：
1.1.3	招标代理机构	名　称： 地　址： 联系人： 电　话：
1.1.4	项目名称	
1.1.5	建设地点	
1.2.1	资金来源	
1.2.2	出资比例	
1.2.3	资金落实情况	
1.3.1	招标范围	

续表

条款号	条款名称	编列内容
1.3.2	计划工期	计划工期：______日历天 计划开工日期：___年___月___日 计划竣工日期：___年___月___日 除上述总工期外，发包人还要求以下区段工期：____________________
1.3.3	质量要求	质量标准：
1.4.1	投标人资质条件、能力和信誉	资质条件： 财务要求： 业绩要求： 信誉要求： 项目经理资格：______专业______级（含以上级）注册建造师执业资格，具备有效的安全生产考核合格证书，且不得担任其他在施建设工程项目的项目经理 其他要求：
1.4.2	是否接受联合体投标	□不接受 □接受，应满足下列要求： 联合体资质按照联合体协议约定的分工认定
1.9.1	踏勘现场	□不组织 □组织，踏勘时间： 踏勘集中地点：
1.10.1	投标预备会	□不召开 □召开，召开时间： 召开地点：
1.10.2	投标人提出问题的截止时间	
1.10.3	招标人书面澄清的时间	
1.11	分包	□不允许 □允许，分包内容要求： 分包金额要求： 接受分包的第三人资质要求：
1.12	偏离	□不允许 □允许，允许偏离最高项数： 偏差调整方法：
2.1	构成招标文件的其他材料	
2.2.1	投标人要求澄清招标文件的截止时间	
2.2.2	投标截止时间	___年___月___日___时___分
2.2.3	投标人确认收到招标文件澄清的时间	在收到相应澄清文件后______小时内
2.3.2	投标人确认收到招标文件修改的时间	在收到相应修改文件后______小时内
3.1.1	构成投标文件的其他材料	

续表

条款号	条 款 名 称	编 列 内 容
3.3.1	投标有效期	________天
3.4.1	投标保证金	投标保证金的形式： 投标保证金的金额： 递交方式：
3.5.2	近年财务状况的年份要求	___年，指___年___月___日起至___年___月___日止
3.5.3	近年完成的类似项目的年份要求	___年，指___年___月___日起至___年___月___日止
3.5.5	近年发生诉讼及仲裁情况的年份要求	___年，指___年___月___日起至___年___月___日止
3.6.3	签字或盖章要求	□不分册装订 □分册装订，共分___册，分别为： 投标函，包括___至___的内容 商务标，包括___至___的内容 技术标，包括___至___的内容 ___标，包括___至___的内容 每册采用___方式装订，装订应牢固、不易拆散和换页，不得采用活页装订
3.6.4	投标文件副本份数	______份
3.6.5	装订要求	
4.1.2	封套上应载明的信息	招标人地址： 招标人名称： ______（项目名称）投标文件 在___年___月___日___时___分前不得开启
4.2.2	递交投标文件地点	____________（有形建筑市场/交易中心名称及地址）
4.2.3	是否退还投标文件	□否 □是，退还安排：
5.1	开标时间和地点	开标时间：同投标截止时间 开标地点：
5.2	开标程序	密封情况检查： 开标顺序：
6.1.1	评标委员会的组建	评标委员会构成：___人，其中招标人代表___人，专家___人； 评标专家确定方式：
7.1	是否授权评标委员会确定中标人	□是 □否，推荐的中标候选人数：
7.3.1	履约担保	履约担保的形式： 履约担保的金额：

续表

条款号	条款名称	编列内容
10. 需要补充的其他内容		
10.1.1	类似项目	类似项目是指：
10.1.2	不良行为记录	不良行为记录是指：
10.2　招标控制价		
	招标控制价	□不设招标控制价 □设招标控制价，招标控制价为：____元
10.3 “暗标”评审		
	施工组织设计是否采用“暗标”评审方式	□不采用 □采用
10.4　投标文件电子版		
	是否要求投标人在递交投标文件时，同时递交投标文件电子版	□不要求 □要求，投标文件电子版内容：____ 投标文件电子版份数：____ 投标文件电子版形式：____ 投标文件电子版密封方式：单独放入一个密封袋中，加贴封条，并在封套封口处加盖投标人单位章，在封套上标记“投标文件电子版”字样
10.5　计算机辅助评标		
	是否实行计算机辅助评标	□否 □是，投标人需递交纸制投标文件一份
10.6　投标人代表出席开标会		
	投标人的法定代表人或其委托代理人应当按时参加开标会，并在招标人按开标程序进行点名时，向招标人提交法定代表人身份证明文件或法定代表人授权委托书，出示本人身份证，以证明其出席，否则，其投标文件按废标处理	
10.7　中标公示		
	在中标通知书发出前，招标人将中标候选人的情况在本招标项目招标公告发布的同一媒介和有形建筑市场/交易中心予以公示，公示期不少于 3 个工作日	
10.8　知识产权		
	构成本招标文件各个组成部分的文件，未经招标人书面同意，投标人不得擅自复印和用于非本招标项目所需的其他的目的。招标人全部或者部分使用未中标人投标文件中的技术成果或技术方案时，需征得其书面同意，并不得擅自复印或提供给第三人	
10.9　重新招标的其他情形		
	除非已经产生中标候选人，在投标有效期内同意延长投标有效期的投标人少于三个的，招标人应当依法重新招标	
10.10　同意词语		
	构成招标文件组成部分的“通用合同条款”“专用合同条款”“技术标准和要求”和“工程量清单”等章节中出现的措辞“发包人”和“承包人”，在招标投标阶段应当分别按“招标人”和“投标人”进行理解	

续表

条款号	条 款 名 称	编 列 内 容
10.11	监督	
	本项目的招标投标活动及其相关当事人应当接受有管辖权的建设工程招标投标行政监督部门依法实施的监督	
10.12	解释权	
	构成本招标文件的各个组成文件应互为解释，互为说明；如有不明确或不一致，构成合同文件组成内容的，以合同文件约定内容为准，且以专用合同条款约定的合同文件优先顺序解释；除招标文件中有特别规定外，仅适用于招标投标阶段的规定，按招标公告（投标邀请书）、投标人须知、评标办法、投标文件格式的先后顺序解释；同一组成文件中就同一事项的规定或约定不一致的，以编排顺序在后者为准；同一组成文件不同版本之间有不一致的，以形成时间在后者为准。按本条款前述规定仍不能形成结论的，由招标人负责解释	
10.13	招标人补充的其他内容	

2.4.2.3 评标方法

《行业标准施工招标文件》的评标方法，分为综合评估法及经评审的最低投标价法两部分内容。招标人可以根据事先确定的评标方法来选择不同的内容编制项目施工招标文件。

2.4.2.4 合同条款及格式

《行业标准施工招标文件》的合同条款及格式，列出了施工合同通用条款以及合同协议书、承包人履约担保和承包人预付款担保等格式。

2.4.2.5 工程量清单

建设工程施工招标投标的计价方式分为定额计价方式和工程量清单计价方式。全部使用国有资金投资或国有直接投资为主的建设工程施工发承包，必须采用工程量清单计价方式。非国有资金投资的建设工程，宜采用工程量清单计价。采用工程量清单计价方式进行施工招标投标时，招标人应当按要求提供工程量清单。

工程量清单的工程量是编制招标工程标底和投标报价的依据，也是支付工程进度款和竣工结算时调整工程量的依据。它供建设各方计价时使用，并为投标人提供一个公开、公平、公正的竞争环境，是评标的基础，也为竣工时调整工程量、办理工程结算及工程索赔提供重要依据。工程量清单由于专业性强、内容复杂，所以对编制人的业务技术水平要求高。因此，工程量清单应由具有编制能力的人员（造价工程师）和具有工程造价咨询资质并按规定的业务范围承担工程造价咨询业务的中介机构编制。

《行业标准施工招标文件》列明了工程量清单格式。

2.4.2.6 图纸

《行业标准施工招标文件》图纸是指用于招标工程施工用的全部图纸，是进行施工的依据，也是进行工程管理的基础。图纸是招标人编制工程量清单的依据，也是投标人编制投标文件商务部分和技术部分的依据。建筑工程施工图纸一般包括：图纸目录、设计总说明、建筑施工图、结构施工图、给水排水施工图、采暖通风施工图和电气施工图等。

2.4.2.7　技术标准和要求

依据设计文件的要求，招标人应提出拟招标工程项目的材料、设备、施工须达到的现行中华人民共和国以及省、自治区、直辖市或行业的工程建设标准和规范的要求。在招标文件中，应根据招标工程的性质、设计施工图纸、技术文件，提出使用国家或行业标准，如涉及规范的名称、编号等。

2.4.2.8　投标文件格式

具体内容详见第 3 章。

小　结

本章主要介绍建设工程招标的种类、范围、方式；建设工程项目招标的概念、范围和程序以及各阶段的主要工作；建设工程项目资格预审文件、施工招标文件的编制。

案 例 分 析

案例分析 2.1

某综合楼工程项目的施工，经当地主管部门批准后，建设单位进行公开招标。招标工作主要内容确定为：①成立招标工作小组；②发布招标公告；③编制招标文件；④编制标底；⑤发放招标文件；⑥组织现场踏勘和招标答疑；⑦投标单位资格审查；⑧接收投标文件；⑨开标；⑩确定中标单位；⑪评标；⑫签订承发包合同；⑬发出中标通知书。

问题：上述招标工作内容的顺序是否妥当？如果不妥，请确定合理的顺序。

案例分析要点：本案例涉及的是建设工程项目施工招标程序的问题。

上述招标工作内容的顺序不妥当，合理的顺序为：①③④②⑦⑤⑥⑧⑨⑪⑩⑬⑫。

案例分析 2.2

某办公楼工程全部由政府投资兴建。该项目为该市建设规划的重点项目之一，且已列入地方年度投资计划，概算已经主管部门批准，施工图纸及有关技术资料齐全。现决定对该项目进行施工招标。因估计除本市施工企业参加投标外，还可能有外省施工企业参加。故招标人委托咨询机构编制了两个标底，准备分别用于对本市企业和外省企业标价的评定。招标人在公开媒体上发布资格预审通告，其中说明，3 月 10 日和 3 月 11 日 9—16 时在市建筑工程交易中心发售资格预审文件。最终有 A、B、C、D、E 五家承包商通过了资格预审。根据资格预审合格通知书的规定，承包商于 4 月 5 日购买了本次招标的招标文件。4 月 12 日，招标人就投标单位对招标文件提出的所有问题召开答疑会，统一作出了书面答复。随后招标人组织各投标单位进行了现场踏勘。到招标文件所规定的投标截止日 4 月 20 日下午 4 时之前，这五家承包商均按规定时间提交了投标文件和投标保证金 90 万元。

4 月 21 日上午 8 时整，在市建筑工程交易中心正式开标。开标时，由招标人检查投标文件的密封情况，确认无误后，由工作人员当面拆封，由唱标人宣读五家承包商的投标价格、工期和其他主要内容。

评标委员会委员由招标人依法组建，其中，招标人代表4人，专家库中抽取的技术专家2人，经济专家2人。

按照招标文件中规定的综合评价标准，评标委员会进行评审后，确定承包商B为中标人。招标人于4月20日发出中标通知书，由于是外地企业，承包商于5月2日收到中标通知书。最终双方于6月2日签订了书面合同。

问题： 在该项目的招标过程中哪些方面不符合招标投标的相关规定？

案例分析要点：

(1) 不应编制两个标底。一个工程只能编制一个标底。

(2) 出售资格预审文件的时间过短。自招标文件或资格预审文件开始出售之日到停止出售之日止，最短不得少于5日。

(3) 现场踏勘应安排在投标预备会（答疑会）之前。

(4) 招标时限过短。自招标文件发出之日到投标人提交投标文件截止之日止，最短不得少于20日。

(5) 开标时间应与投标人提交投标文件截止的时间、地点一致。

(6) 不应由招标人检查标识密封情况。应由投标人或者推选的代表检查投标文件的密封情况，也可以由招标人委托的公证机构检查并公证。

(7) 评标委员会组成不符合要求。评标委员会由招标人的代表和有关技术、经济等方面的专家组成，成员人数为5人以上单数，其中技术、经济等方面的专家不得少于成员总数的2/3。

(8) 签订合同日期过迟。招标人和中标人应当自中标通知书发出之日起30日内，按照招标文件和中标人的投标文件订立书面合同。

案 例 分 析 2.3

某国家粮库工程设计采用国内公开招标方式确定设计单位，招标人按照相关规定在指定媒体上发布了招标公告，其中的资格条件为：

(1) 在中华人民共和国境内注册的独立法人，注册资本金不少于1000万元人民币。

(2) 具有建设行政主管部门颁发的工程设计商物粮行业工程设计甲级资质。

(3) 近三年完成过仓储规模不少于本次粮库建设规模三项以上的设计业绩。

(4) 通过了ISO9000质量体系认证并成功运行两年以上。

招标公告发出三日后，已经有3个潜在投标人购买了招标文件，此时招标人感觉公布的资格条件中“注册资本金不少于1000万元人民币”和“近三年完成过仓储规模不少于本次粮库建设规模三项以上的设计业绩”太高，可能影响潜在投标人参与竞争，于是决定将上面的注册资本金调整为600万元人民币，将近三年类似项目的业绩由三项调整为两项，但怎样实施存在三种意见：

A. 招标公告已经发出了三日，同时已有三个潜在投标人购买了招标文件，为了减少招标时间，可以直接在招标文件的澄清与修改中对上述两项资格条件进行调整，并在开标前15天通知所有购买招标文件的投标人，这样可以保证原开标计划如期进行。

B. 不用告知投标人，仅需在评标过程中灵活掌握就可以了，这样既可以保证原开标计划如期实现，又不至于引起投标人对调整资格条件的各种猜疑，有利于投标人竞争。

C. 重新发布招标公告，在公告和招标文件中同时调整资格条件，并通知已购买招标文件的潜在投标人更换新的招标文件，开标时间相应顺延。

这当中，意见A和B可以保证原开标计划如期进行，而意见C则需要顺延开标时间。

问题：如果你是招标人，应采纳上述三种意见中哪一种，为什么？

案例分析要点：选择C，因为意见A和B不正确。依据《合同法》和《招标投标法》，招标人在招标公告发布后修改其中的实质性条件的，需要重新发布招标公告，重新确定投标截止时间和开标时间。

练习思考题

1. 单选题

(1) 自招标文件出售之日起至停止接收标书之日止，最短不得少于（　　）。

A. 5个工作日　　B. 5天　　C. 20个工作日　　D. 20天

(2) 公开招标亦称无限竞争性招标，是指招标人以（　　）的方式邀请不特定的法人或者其他组织投标。

A. 投标邀请书　　B. 合同谈判　　C. 行政命令　　D. 招标公告

(3) 按照相关规定，招标人和中标人应在（　　），双方签订合同。

A. 评标后5日内　　B. 发出中标通知书30日内

C. 无具体规定　　D. 发出中标通知书30个工作日内

(4) 一项工程采用邀请招标时，参加投标的单位不得少于（　　）家。

A. 2　　B. 3　　C. 4　　D. 7

(5) 根据我国《招标投标法》规定，招标人需要对发出的招标文件进行澄清或修改时，应当在招标文件要求提交投标文件的截止时间至少（　　）天前，以书面形式通知所有招标文件收受人。

A. 10　　B. 15　　C. 20　　D. 30

(6) 提交投标文件的投标人少于（　　）个的，招标人应当依法重新招标。

A. 2　　B. 3　　C. 4　　D. 5

(7) 招标投标活动的公正原则与公平原则之处在于创造了一个公平合理、（　　）的投标机会。

A. 自由竞争　　B. 平等竞争　　C. 表现企业实力　　D. 展示企业业绩

(8) 应当招标的工程建设项目在（　　）后，已满足招标条件的，均应成立招标组织，组织招标，办理招标事宜。

A. 进行可行性研究　　B. 办理报建等级手续

C. 选择招标代理机构　　D. 公布招标信息

(9) 应当招标的工程建设项目，根据招标人是否具有（　　），可以将组织招标分为自行招标和委托招标两种情况。

A. 招标资质　　B. 招标许可

C. 招标的条件与能力　　D. 评标专家

(10)《工程建设项目招标范围和规模标准规定》中规定勘察、设计、监理等服务的采购，单项合同估算价在（　　）万元人民币以上的，必须进行招标。

A. 200　　B. 100　　C. 150　　D. 50

2. 多选题

(1) 根据我国《招标投标法》规定，招标方式分为（　　）。

A. 公开招标　　B. 协议招标　　C. 邀请招标

D. 指定招标　　E. 行业内招标

(2)《招标投标法》规定招标人应具备的条件为（　　）。

A. 法人　　B. 自然人　　C. 其他组织　　D. 法人代表

(3) 根据《招标投标法》有关规定，下列建设项目中必须进行招标的有（　　）。

A. 利用世界教科文组织提供的资金新建教学楼工程

B. 某省会城市的居民用水水库工程

C. 国防工程

D. 某城市利用国债资金的垃圾处理厂项目

E. 某住宅楼因资金缺乏停建后恢复建设，且承包人仍为原承包人

(4) 招标文件内容中既说明招标投标的程度要求，将来又构成合同文件的是（　　）。

A. 合同条款　　B. 投标人须知　　C. 设计图样

D. 技术标准与要求　　E. 工程量清单

(5) 某政府投资民用建筑工程项目拟进行施工招标，该项招标应当具备的条件有（　　）。

A. 资金或资金来源已经落实

B. 招标方式等已经核准

C. 施工组织设计已经完成

D. 工程施工图设计已经完成

E. 建筑施工许可证已经取得

3. 思考题

(1) 建设工程招标有哪几种方式？公开招标与邀请招标各有何优缺点？

(2) 建设工程项目施工招标必须具备哪些必要条件？

(3) 建设工程招标程序如何？

(4) 为什么要对投标人进行资格审查？资格审查的方式有几种？资格预审程序如何？

(5) 建设工程施工招标文件一般包括哪几部分内容？

第3章 建设工程投标

教学目标 通过学习建设工程投标的具体业务，掌握建设工程项目施工投标程序与过程；学习编制资格预审文件、施工投标文件；初步具有投标决策和报价技巧能力。

3.1 建设工程施工投标条件、程序及内容

3.1.1 投标人应具备的条件

《招标投标法》规定：投标人是指响应招标、参加投标竞争的法人或者其他组织。所谓响应招标，主要是指投标人对招标人在招标文件中提出的实质性要求和条件，例如工期、质量、实施范围等一一作答，作出响应。

《招标投标法》还规定：依法招标的科研项目允许个人参加投标，投标的个人适用本法有关投标人的规定。因此，投标人除了包括法人、其他组织，还应当包括自然人。随着我国建筑市场的不断发展和成熟，自然人作为投标人的情形也会经常出现。

根据《招标投标法》规定，投标人应具备下列条件：

(1) 投标人应具备承担招标项目的能力；国家有关规定或者招标文件对投标人资格条件有规定的，投标人应当具备规定的资格条件。

(2) 投标人应当按照招标文件的要求编制投标文件，投标文件应当对招标文件提出的要求作出实质性响应。

(3) 投标文件的内容应当包括拟派出的项目负责人与主要技术人员的简历、业绩和拟用于完成招标项目的机械设备等。

(4) 投标人应当在招标文件所要求提交投标文件的截止时间前，将投标文件送达投标地点。招标人收到投标文件后，应当签收保存，不得开启。

(5) 投标人在招标文件要求提交投标文件的截止时间前，可以补充、修改或者撤回已提交的投标文件，并书面通知招标人。补充、修改的内容为投标文件的组成部分。

(6) 投标人根据招标文件载明的项目实际情况，拟在中标后将中标项目的部分非主体、非关键性工作委托他人完成的，应当在投标文件中载明。

(7) 两个以上法人或者其他组织可以组成一个联合体，以一个投标人的身份共同投标。但是，联合体各方均应当具备承担招标项目的相应能力及相应资格条件。各方应当签订共同投标协议，明确约定各方拟承担的工作和相应的责任，并将共同投标协议连同投标文件一并提交招标人。联合体中标的联合体各方应当共同与招标人签订合同，就中标项目向招标人承担连带责任。

(8) 投标人不得相互串通投标报价，不得排挤其他投标人的公平竞争，损害招标人或

者他人的合法权益。

（9）投标人不得以低于合理预算成本的报价竞标，也不得以他人名义投标或者以其他方式弄虚作假，骗取中标。

3.1.2　建设工程施工投标程序

从施工企业参与投标的角度，建设工程施工投标工作的程序如图 3.1 所示，分为以下步骤。

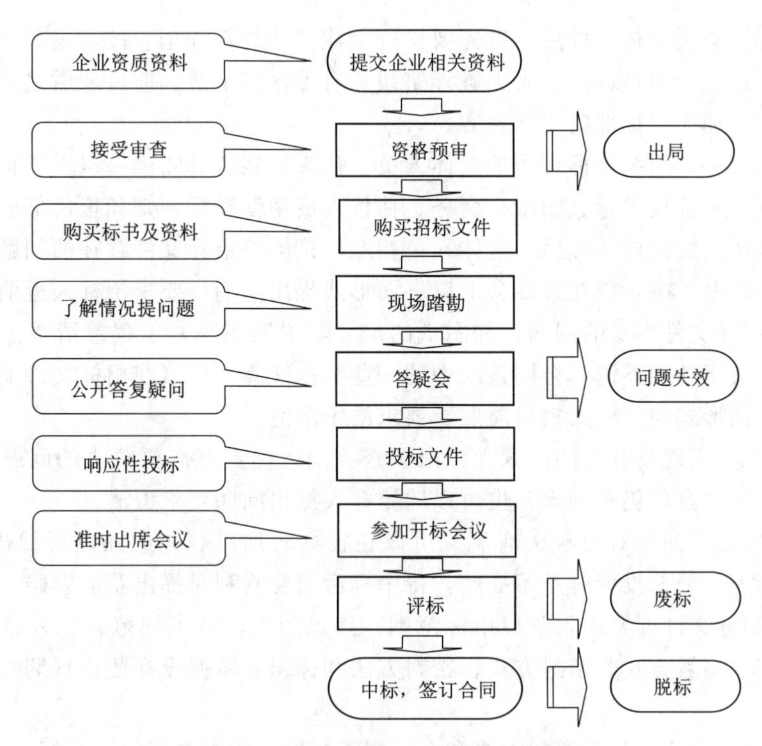

图 3.1　建设工程施工投标工作程序

（1）获得招标信息、成立投标工作班子，决定是否投标。

（2）参加资格预审，递交资格预审申请文件及相关资料。

（3）资格预审通过后，购买招标文件及有关技术资料。

（4）研究招标文件、踏勘现场、投标预备会，并对有关疑问提出质询。

（5）根据施工图纸，制订施工技术方案和组织计划，根据主客观条件决定投标报价策略。

（6）根据图纸校核或计算工作量，确定项目单价及总价。

（7）确定报价技巧，调整报价，编制投标文件、封标、递交投标文件。

（8）参加开标会议，书面澄清评标委员会对投标文件提出的问题。

（9）接收中标通知书后提交履约保证金，与招标人签署施工承包合同。

3.1.3　建设工程施工投标内容

1. 申报资格预审

在获得招标资格预审信息决定参加投标后，就可以报名参加资格预审，并按照资格预审公告中确定的时间和地点购买资格预审文件，编制并提交资格预审申请文件及相关资料，接受招标单位的资格预审。

2. 研读招标文件

投标人通过资格预审取得投标资格，按照招标邀请书（资格预审合格通知书）规定的时间、地点向招标单位购买招标文件。招标文件是投标和报价的重要依据，对其理解的深度将直接影响到投标后果，因此应该组织有力的设计、施工、商务、估价等专业人员仔细分析研究。

（1）投标人购买招标文件后，首先要检查上述文件是否齐全。按目录是否有缺页、缺图表，有无字迹不清的页、段，有无翻译错误，有无含糊不清、前后矛盾之处。如发现有上述现象的应立即向招标部门交涉补齐。

（2）在检查后，组织投标班子的全体人员，从头至尾认真阅读一遍。负责技术部分的专业人员，重点阅读技术卷、图纸；商务、估价人员精读投标须知和报价部分。

（3）认真研读完招标文件后，全体人员相互讨论解答招标文件存在的问题，做好备忘录，等待现场踏勘了解，或在答疑会上以书面形式提出质询，要求招标人澄清。

1）属于招标文件本身的问题，如图纸的尺寸与说明不一，工程量清单上的错漏，技术要求不明，文字含糊不清，合同条款中的一些数据缺漏，可以在招标文件前附表确定的时间内，以书面形式向招标人提出质疑，要求给予澄清。

2）与项目施工现场有关的问题，拟出调查提纲，确定重点要解决的问题，通过现场踏勘了解，如果考察后仍有疑问，也可以向招标人提出问题要求澄清。

3）如果发现的问题对投标人有利。可以在投标时加以利用或在以后提出索赔要求，这类问题投标人一般在投标时是不提的，待中标后情势有利时提出获取索赔。

4）研究招标文件的要求，掌握招标范围，熟悉图纸、技术规范、工程量清单，熟悉投标书的格式、签署方式、密封方式、密封方法和标识，掌握投标截止日期，以免错失投标机会。

5）研究评标方法。分析评标方法和合同授予标准。我国常用的评标标准有两种方式，综合评估法和经评审的最低投标报价法。综合评估法又分为定性和定量两种，定量综合评议法是根据投标人的投标报价、施工方案、信誉、质量和投入的技术力量等因素进行量化，由评标委员会打分，得分高者中标。经评审的最低投标报价法是在质量、工期满足招标文件的要求条件下，明确相应招标文件要求，投标价格最低的投标人中标。

6）研究合同协议书、通用条款和专用条款。合同形式是总价合同还是单价合同，价格是否可以调整。分析拖延工期的罚款、保修期的长短和保证金的额度。研究付款方式、违约责任等。根据权利义务关系分析风险，将风险考虑到报价中。

3. 现场踏勘

现场踏勘是投标中极其重要的准备工作，招标人一般在招标文件中会明确现场踏勘的时间和地点。现场考察既是投标人的权利也是招标人的义务，投标人在报价以前必须认真地进行施工现场考察，全面地、仔细地调查了解工地及其周围的政治、经济、地理等情况。按照惯例，投标人提出的报价一般被认为是在现场考察的基础上编制的。一旦价格报出之后，投标人就无权因为现场考察不周、情况了解不细或因素考虑不全而提出修改投标报价或提出补偿等要求。进行现场考察应侧重以下几个方面：

（1）施工现场是否达到招标文件规定的条件，如“三通一平”等。

（2）投标工程与其他工程之间的关系，与其他承包商或分包商之间的关系。

（3）工地现场形状和地貌、地质、地下水条件、水文、管线设置等情况。

（4）施工现场的气候条件，如气温、降水量、湿度、风力等。

（5）现场的环境，如交通、电力、水源、污水排放，有无障碍物等。

（6）临时用地、临时设施搭建等，工程施工过程中临时使用的工棚、材料堆场及设备设施所占的地方。

（7）工地附近治安情况。

（8）除了调查施工现场的情况外，还应了解工程所在地的政治形势、经济形势、法律法规、风俗习惯、自然条件、生产和生活条件，调查发包人和竞争对手。通过调查，采取相应对策，提高中标的可能性。

4. 参加标前会议，提出质询

工程量的多少将直接影响到工程计价和中标的机会，无论招标文件是否提供工程量清单，投标人都应该认真按照图纸计算工程量。

对于工程量清单招标方式，招标文件里包含有工程量清单，一般不允许就招标文件做实质性的变动，招标文件中已给工程量不允许做增减改动，否则有可能因为未实质性响应招标文件而成为废标。但是对于投标人来说仍然要按照图纸复核工程量，做到心中有数。同时因为工程量清单中的各分部（分项）工程工程量并不十分准确，若设计深度不够则可能有较大的误差，而工程量的多少是选择施工方法、安排人力和机械、准备材料必须考虑的因素，自然也影响分项工程的单价。对于单价合同，若发现所列工程量与调查及核实结果不同，可在编制标价时采取调整单价的策略，即提高工程量可能增加的项目的单价，降低工程量可能减少的项目单价。对于总价合同，特别是固定总价合同，若发现工程量有重大出入的，特别是漏项的，必要时可以找招标单位核对，要求招标单位认可，并给予书面证明。如果业主在投标前不给予更正，而且是对投标人不利的情况，投标人应在投标时附上说明。

对于传统的定额计价的招标方式，一般在招标文件中没有工程量清单，只给图纸。计算工程量时要注意：由于我国各个省、直辖市、自治区的预算定额都有自己的规定，从而引起项目划分、工程量计算规则、单价、费用、工程项目定额内容不尽相同。参加哪个地区的投标报价，必须首先熟悉当地使用的定额及规定，才能将计算工程量时的项目划分清楚。此外，还应注意工程量计算与现场实际相结合，与要采用的施工方法吻合，如土石方工程构件和半成品的运输及吊装等。

5. 制定施工规划

施工项目投标的竞争主要是价格的竞争，而价格的高低与所采用的施工方案及施工组织计划密切相关，所以在确定标价前必须编制好施工规划。

在投标过程中编制的施工规划，其深度和广度都比不上施工组织设计。如果中标，再编制施工组织设计。施工规划一般由投标人的技术负责人支持制定，内容一般包括各分部分项工程施工方法、施工进度计划、施工机械计划、材料设备计划和劳动力安排计划，以及临时生产、生活设施计划。施工规划的制定应在技术和工期两方面吸引招标人，对投标人来说又能降低成本，增加利润。制定的主要依据是设计图纸、执行的规范、经复核的工程量、招标文件要求的开工竣工日期以及对市场材料、设备、劳动力价格的调查等。

（1）选择和确定主要部位施工方法。根据工程类型，研究可以采用的施工方法。对于一般的、较简单的工程，则结合已有施工机械及工人技术水平来选定施工方法。对于大型复杂的工程则要考虑几种方案综合比较，努力做到节省开支、加快施工进度。

（2）选择施工机械和施工设施。此工作一般与研究施工方法同时进行。在工程估价过程中还要不断进行施工机械和施工设施的比较，择定是租赁还是购买，考虑利用旧机械设备还是采购新机械设备，在国内采购还是国外采购。

（3）编制施工进度计划。编制施工进度计划应紧密结合施工方法和施工设备考虑。施工进度计划中应提出各时段应完成的工程量及限定日期。施工进度计划是采用网络进度计划还是线条进度计划，应根据招标文件要求而定。在投标阶段，一般用线条进度即可满足要求。

6. 确定投标报价

投标人在研究了招标文件并对现场进行了考察之后，即进入工程价格计算阶段。投标报价是根据招标文件的要求和项目的具体特点，结合现场踏勘的情况，按照市场情况和企业实力自主报价。报价是投标竞争的核心，报价过高会失去承包机会，过低可能中标，但会给工程带来亏本的风险。如何作出合适的投标报价，是能否中标的关键性问题。

（1）招标报价的计算依据：

1）招标人提供的招标文件。

2）招标人提供的设计图纸、工程量清单及有关的技术说明书。

3）国家及地区颁发的现行建筑、安装工程预算定额及与之相配套执行的各种费用定额规定等。

4）地方现行材料价格、采购地点及供应方式。

5）因招标文件、设计图纸不明确和现场踏勘后存在问题的招标人的书面答复材料。

6）企业内部定额、取费、价格等规定、标准。

7）拟采用的施工方案、进度计划等。

还应考虑各种不可预见费用，不要遗漏。

（2）投标报价的原则。投标报价的编制主要是投标人对招标工程所发生的各种费用的计算。在进行标价计算时一般应遵循以下原则：

1）投标计算必须与采用的合同形式相协调。合同计价方式一般分为单价合同、总价合同、成本加酬金合同。计算时应根据工程承包方式不同考虑投标报价的费用内容和细目的计算深度。

2）以确定的施工方案、进度计划作为投标报价计算的基本条件。

3）以反映企业技术和管理水平的企业定额作为计算人工、材料、机械台班消耗量的基本依据。

4）充分利用现场考察、调研成果、市场价格信息和行情资料，编制基价，确定调价方法。

5）报价计算方法必须严格按照招标文件的要求和格式，不得改动，科学严谨，简明实用。

（3）投标报价的编制方法。根据我国目前工程计价方式现状，与招标文件的计价方式相对应，投标报价的编制方法可以分为定额计价模式和工程量清单计价模式。

1）定额计价模式投标报价。这种报价模式是国内工程以前经常使用的方式，现在也还在应用。报价编制与工程概预算基本一致，即按照定额规定的分部分项工程子目逐项计算工程量，套用定额计价或市场价格确定直接工程费，再按照规定的费用定额记取各项费用，最后汇总形成总价。

2）工程量清单计价模式投标报价。这种报价模式是以国家颁布的《建设工程工程量清单计价规范》（GB 50500—2013）为依据的计算方式，也是与国际接轨的计价模式，广泛地在工程计价中使用。

投标人以招标人提供的工程量清单为基础，编制分部（分项）工程工程量清单报价表、措施项目清单报价表、其他项目清单报价表、规费、税金项目清单计价表，计算完毕后汇总而得到单位工程投标报价汇总表，再层层汇总，最后得出工程项目投标总价。

（4）确定投标价格。上述计算出的价格，只是待定的暂时标价，还不能作为投标价格，还需做以下两方面的工作：

1）复核报价的准确性。与以往类似工程相比较，复核项目单价的合理性，单位工程造价、单位工程用工用料指标、各分项工程的价值比例、各类费用的比例是否在正常范围。从中发现问题，看是否存在漏算、重复计算的项目。减少和避免报价失误。

2）根据报价策略调整报价。由于企业的投标目标的不同，出发点的不同，采取的报价策略也不同。经多方面客观而慎重分析，根据投标报价决策和确定报价策略，调整一些项目的单价、利润、管理费等，重新修正报价，确定一个具有竞争力的报价作为最终的投标报价。

7. 编制投标文件

投标文件的组成必须与招标文件的规定一致，不能带有任何附加条件，否则可能导致被否定或作废。具体内容及编写要求见 3.4 节相关内容。

8. 递送投标文件

递送投标文件也称递标，是指投标人在规定的截止日期之前，将准备好的所有投标文件密封递送到招标人的行为。

全部投标文件编制完成后，按招标文件的要求加盖投标人印章并经法定代表人及委托代理人签字，密封后送达指定地点，逾期作废。但也不宜过早，以便在发生新情况时可做更改。投标文件送达后并被确认合格后，投标人应从收件处领取回执作为凭证。投标文件发出后，在规定的截止日期前或开标前，投标人仍可修改标书的某些事项。投标人要求缴纳投标保证金的，投标人应在递交投标书的同时缴纳。投标人递交投标文件后，便是参加开标会议了。通过了解竞标对手的投标报价和其他数据，可以找到差距，积累经验，进一步提高自身的管理、技术能力。

在评标期间，投标人应对评标委员会提出的各种书面澄清通知给予书面说明澄清。如最终得到招标人签发的中标通知书，则应在规定时间内与招标人签订合同，并在以后的规定时间内办理履约保函，最终在合同规定的时间内进驻现场。至此，招标投标工作即告结束，招标投标双方进入合同履行期。

3.1.4 联合体投标

1. 联合体投标的含义

根据《招标投标法》第三十一条第一款的规定，“两个以上法人或者其他组织可以组成一个联合体，以一个投标人的身份共同投标”。

2. 联合体各方的资质要求

《招标投标法》第三十一条第二款规定，联合体各方均应当具备承担招标项目的相应能力；国家有关规定或者招标文件对投标人资格条件有规定的，联合体各方均应当具备本规定的相应资格条件。由同一专业的单位组成的联合体，按照资质等级较低的单位确定资质等级。

根据《房屋建筑和市政工程标准施工招标资格预审文件》（2010年版）联合体申请人的资质认定：

（1）两个以上资质类别相同但资质等级不同的成员组成的联合体申请人，以联合体成员中资质等级最低者的资质等级作为联合体申请人的资质等级。

（2）两个以上资质类别不同的成员组成的联合体，按照联合体协议中约定的内部分工分别认定联合体申请人的资质类别和等级，不承担联合体协议约定由其他成员承担的专业工程的成员，其相应的专业资质和等级不参与联合体申请人的资质和等级的认定。

3. 联合体各方如何承担责任

《招标投标法》第三十一条第二款规定：“联合体各方应当签订共同投标协议，明确约定各方拟承担的工作和责任，并将共同投标协议连同投标文件一并提交招标人。”“联合体各方应当签订共同投标协议，明确约定各方拟承担的工作和责任，并将共同投标协议连同投标文件一并提交招标人。联合体中标的，联合体各方应当共同与招标人签订合同，就中标项目向招标人承担连带责任。”

《工程建设项目施工招标投标办法》规定：“联合体各方必须指定牵头人，授权其代表所有联合体成员负责投标和合同实施阶段的主办、协调工作，并应当向招标人提交由所有联合体成员法定代表人签署的授权书。”“联合体投标的，应当以联合体各方或者联合体中牵头人的名义提交投标保证金。以联合体中牵头人名义提交的投标保证金，对联合体各成员具有约束力。”

3.2 资格预审申请文件编制与递交

3.2.1 资格预审申请文件的组成

《房屋建筑和市政工程标准施工招标资格预审文件》第四章“资格预审申请文件格式”明确规定了资格预审申请文件的组成和格式，具体如下。

1. 资格预审申请函

________________（招标人名称）：

（1）按照资格预审文件的要求，我方（申请人）递交的资格预审申请文件及有关资料，用于你方（招标人）审查我方参加______________（项目名称）____标段施工招标的投标资格。

（2）我方的资格预审申请文件包含第2章“申请人须知”表2.1规定的全部内容。

（3）我方接受你方的授权代表进行调查，以审核我方提交的文件和资料，并通过我方的客户，澄清资格预审申请文件中有关财务和技术方面的情况。

（4）你方授权代表可通过______________（联系人及联系方式）得到进一步的资料。

（5）我方在此声明，所递交的资格预审申请文件及有关资料内容完整、真实和准确，且不存在第2章“申请人须知”表2.1规定的任何一种情形。

申请人：______________________（盖单位章）

法定代表人或其委托代理人：________（签字）

电　　话：____________________________

传　　真：____________________________

申请人地址：____________________________

邮政编码：____________________________

____年____月____日

2. 法定代表人身份证明

申 请 人：____

单位性质：____

地　　址：____

成立时间：____________年________月________日

经营期限：____

姓　　名：__________________性　　别：______________________

年　　龄：__________________职　　务：______________________

系________________________________（申请人名称）的法定代表人。

特此证明。

申请人：____________________（盖单位章）

____年____月____日

3. 授权委托书

本人________（姓名）系________（申请人名称）的法定代表人，现委托______（姓名）为我方代理人。代理人根据授权，以我方名义签署、澄清、说明、补正、递交、撤回、修改__________（项目名称）______标段施工招标资格预审文件，其法律后果由我方承担。

委托期限：____

____。

代理人无转委托权。

附：法定代表人身份证明

申　请　人：______________（盖单位章）
法定代表人：______________（签字）
身份证号码：______________
委托代理人：______________（签字）
身份证号码：______________
____年____月____日

4．联合体协议书

牵头人名称：____
法定代表人：____
法 定 住 所：____
成员二名称：____
法定代表人：____
法 定 住 所：____

鉴于上述各成员单位经过友好协商，自愿组成________（联合体名称）联合体，共同参加________________（招标人名称）（以下简称招标人）________（项目名称）______标段（以下简称合同）。现就联合体投标事宜订立如下协议：

(1)________（某成员单位名称）为__________（联合体名称）牵头人。

(2) 在本工程投标阶段，联合体牵头人合法代表联合体各成员负责本工程资格预审申请文件和投标文件编制活动，代表联合体提交和接收相关的资料、信息及指示，并处理与资格预审、投标和中标有关的一切事务；联合体中标后，联合体牵头人负责合同订立和合同实施阶段的主办、组织和协调工作。

(3) 联合体将严格按照资格预审文件和招标文件的各项要求，递交资格预审申请文件和投标文件，履行投标义务和中标后的合同，共同承担合同规定的一切义务和责任，联合体各成员单位按照内部职责的划分，承担各自所负的责任和风险，并向招标人承担连带责任。

(4) 联合体各成员单位内部的职责分工如下：____________________。按照本条上述分工，联合体成员单位各自所承担的合同工作量比例如下：____________________

____。

(5) 资格预审和投标工作以及联合体在中标后工程实施过程中的有关费用按各自承担的工作量分摊。

(6) 联合体中标后，本联合体协议是合同的附件，对联合体各成员单位有合同约束力。

(7) 本协议书自签署之日起生效，联合体未通过资格预审、未中标或者中标时合同履行完毕后自动失效。

(8) 本协议书一式________份，联合体成员和招标人各执一份。

牵头人名称：________________________(盖单位章)

法定代表人或其委托代理人：______________(签字)

成员二名称：________________________(盖单位章)

法定代表人或其委托代理人：______________(签字)

____年____月____日

备注：本协议书由委托代理人签字的，应附法定代表人签字的授权委托书。

5. 申请人基本情况表

<table>
<tr><td>申请人名称</td><td colspan="7"></td></tr>
<tr><td>注册地址</td><td colspan="3"></td><td>邮政编码</td><td colspan="3"></td></tr>
<tr><td rowspan="2">联系方式</td><td>联系人</td><td colspan="2"></td><td>电话</td><td colspan="3"></td></tr>
<tr><td>传真</td><td colspan="2"></td><td>网址</td><td colspan="3"></td></tr>
<tr><td>组织结构</td><td colspan="7"></td></tr>
<tr><td>法定代表人</td><td>姓名</td><td></td><td>技术职称</td><td></td><td colspan="2">电话</td><td></td></tr>
<tr><td>技术负责人</td><td>姓名</td><td></td><td>技术职称</td><td></td><td colspan="2">电话</td><td></td></tr>
<tr><td>成立时间</td><td colspan="2"></td><td colspan="5">员工总人数：</td></tr>
<tr><td>企业资质等级</td><td colspan="2"></td><td rowspan="5">其中</td><td colspan="2">项目经理</td><td colspan="2"></td></tr>
<tr><td>营业执照号</td><td colspan="2"></td><td colspan="2">高级职称人员</td><td colspan="2"></td></tr>
<tr><td>注册资本金</td><td colspan="2"></td><td colspan="2">中级职称人员</td><td colspan="2"></td></tr>
<tr><td>开户银行</td><td colspan="2"></td><td colspan="2">初级职称人员</td><td colspan="2"></td></tr>
<tr><td>账号</td><td colspan="2"></td><td colspan="2">技工</td><td colspan="2"></td></tr>
<tr><td>经营范围</td><td colspan="7"></td></tr>
<tr><td>体系认证情　况</td><td colspan="7">说明：通过的认证体系、通过时间及运行状况</td></tr>
<tr><td>备　注</td><td colspan="7"></td></tr>
</table>

6. 近年财务状况表

近年财务状况表指经过会计师事务所或者审计机构审计的财务会计报表，以下各类报表中反映的财务状况数据应当一致，如果有不一致之处，以不利于申请人的数据为准。

（1）近年资产负债表。

（2）近年损益表。

（3）近年利润表。

（4）近年现金流量表。

（5）财务状况说明书。

备注：除财务状况总体说明外，本表应特别说明企业净资产，招标人也可根据招标项目具体情况要求说明是否拥有有效期内的银行AAA资信证明、本年度银行授信总额度、本年度可使用的银行授信余额等。

7. 近年完成的类似项目情况表

类似项目业绩须附合同协议书和竣工验收备案登记表复印件。

项目名称	
项目所在地	
发包人名称	
发包人地址	
发包人电话	
合同价格	
开工日期	
竣工日期	
承包范围	
工程质量	
项目经理	
技术负责人	
总监理工程师及电话	
项目描述	
备　注	

8. 正在施工的和新承接的项目情况表

正在施工的和新承接的项目须附合同协议书或者中标通知书复印件。

项目名称	
项目所在地	
发包人名称	
发包人地址	
发包人电话	
签约合同价	
开工日期	
计划竣工日期	
承包范围	
工程质量	
项目经理	
技术负责人	
总监理工程师及电话	
项目描述	
备　注	

9. 近年发生的诉讼和仲裁情况

类别	序号	发生时间	情况简介	证明材料索引
诉讼情况				
仲裁情况				

注　近年发生的诉讼和仲裁情况仅限于申请人败诉的，且与履行施工承包合同有关的案件，不包括调解结案以及未裁决的仲裁或未终审判决的诉讼。

10. 其他材料

(1) 其他企业信誉情况表（年份同诉讼及仲裁情况年份要求）。

1) 近年不良行为记录情况。

企业不良行为记录情况主要是近年申请人在工程建设过程中因违反有关工程建设的法律、法规、规章或强制性标准和执业行为规范，经县级以上建设行政主管部门或其委托的执法监督机构查实和行政处罚，形成的不良行为记录。应当结合第2章“申请人须知”前附表第9.1.2项定义的范围填写。

序号	发生时间	简要情况说明	证明材料索引

2) 在施工程以及近年已竣工工程合同履行情况。

合同履行情况主要是申请人在施工程和近年已竣工工程是否按合同约定的工期、质量、安全等履行合同义务，对未竣工工程合同履行情况还应重点说明非不可抗力原因解除合同（如果有）的原因等具体情况，等等。

序号	工程名称	履约情况说明	证明材料索引

3) 其他。

内容略。

(2) 拟投入主要施工机械设备情况表。

机械设备名称	型号规格	数量	目前状况	来源	现停放地点	备　注

注　“目前状况”应说明已使用期限、是否完好以及目前是否正在使用，“来源”分为“自有”和“市场租赁”两种情况，正在使用中的设备应在“备注”中注明何时能够投入本项目，并提供相关证明材料。

（3）拟投入项目管理人员情况表。

姓名	性别	年龄	职称	专业	资格证书编号	拟在本项目中担任的工作或岗位

附1：项目经理简历表

项目经理应附建造师执业资格证书、注册证书、安全生产考核合格证书、身份证、职称证、学历证、养老保险复印件以及未担任其他在施建设工程项目项目经理的承诺，管理过的项目业绩须附合同协议书和竣工验收备案登记表复印件。类似项目限于以项目经理身份参与的项目。

<table>
<tr><td>姓名</td><td colspan="2"></td><td>年龄</td><td colspan="2"></td><td colspan="2">学历</td><td></td></tr>
<tr><td>职称</td><td colspan="2"></td><td>职务</td><td colspan="2"></td><td colspan="2">拟在本工程任职</td><td>项目经理</td></tr>
<tr><td colspan="4">注册建造师资格等级</td><td colspan="2">级</td><td colspan="2">建造师专业</td><td></td></tr>
<tr><td colspan="4">安全生产考核合格证书</td><td colspan="5"></td></tr>
<tr><td colspan="2">毕业学校</td><td colspan="7">年毕业于　　学校　　专业</td></tr>
<tr><td colspan="9">主要工作经历</td></tr>
<tr><td>时　间</td><td colspan="4">参加过的类似项目名称</td><td colspan="2">工程概况说明</td><td colspan="2">发包人及联系电话</td></tr>
<tr><td></td><td colspan="4"></td><td colspan="2"></td><td colspan="2"></td></tr>
<tr><td></td><td colspan="4"></td><td colspan="2"></td><td colspan="2"></td></tr>
<tr><td></td><td colspan="4"></td><td colspan="2"></td><td colspan="2"></td></tr>
<tr><td></td><td colspan="4"></td><td colspan="2"></td><td colspan="2"></td></tr>
<tr><td></td><td colspan="4"></td><td colspan="2"></td><td colspan="2"></td></tr>
<tr><td></td><td colspan="4"></td><td colspan="2"></td><td colspan="2"></td></tr>
<tr><td></td><td colspan="4"></td><td colspan="2"></td><td colspan="2"></td></tr>
<tr><td></td><td colspan="4"></td><td colspan="2"></td><td colspan="2"></td></tr>
<tr><td></td><td colspan="4"></td><td colspan="2"></td><td colspan="2"></td></tr>
<tr><td></td><td colspan="4"></td><td colspan="2"></td><td colspan="2"></td></tr>
<tr><td></td><td colspan="4"></td><td colspan="2"></td><td colspan="2"></td></tr>
</table>

附2：主要项目管理人员简历表

主要项目管理人员指项目副经理、技术负责人、合同商务负责人、专职安全生产管理人员等岗位人员。应附注册资格证书、身份证、职称证、学历证、养老保险复印件，专职安全生产管理人员应附有效的安全生产考核合格证书，主要业绩须附合同协议书。

岗位名称			
姓　名		年　龄	
性　别		毕业学校	
学历和专业		毕业时间	
拥有的执业资格		专业职称	
执业资格证书编号		工作年限	
主要工作业绩及担任的主要工作			

附3：承诺书

承　诺　书

__________（招标人名称）：

我方在此声明，我方拟派往________（项目名称）______标段（以下简称“本工程”）的项目经理__________（项目经理姓名）现阶段没有担任任何在施建设工程项目的项目经理。

我方保证上述信息的真实和准确，并愿意承担因我方就此弄虚作假所引起的一切法律后果。

特此承诺

申请人：______________________（盖单位章）

法定代表人或其委托代理人：________（签字）

____年____月____日

（4）其他。

内容略。

3.2.2 资格预审申请文件的编制要求

（1）资格预审申请文件应严格按照资格预审文件中规定的格式进行编写，如有必要，可以增加附页，并作为资格预审申请文件的组成部分。申请人须知前附表规定接受联合体资格预审申请的，联合体各方成员均要填写相应的表格和提交相应的材料。

（2）法定代表人授权委托书必须由法定代表人签署。

（3）“申请人基本情况表”应附申请人营业执照副本及其年检合格的证明材料、资质证书副本和安全生产许可证等材料的复印件。

（4）“近年财务状况表”应附近年会计师事务所或审计机构审计的财务会计报表，包括资产负债表、现金流量表、利润表和财务情况说明书的复印件，具体年份要求见申请人须知前附表。

（5）“今年完成的类似项目情况表”应附中标通知书和（或）合同协议书、工程接收证书（工程竣工验收证书）的复印件，具体年份要求见申请人须知前附表。每张表格只填写一个项目，并标明序号。

（6）“正在施工和新承接的项目情况表”应附中标通知书和（或）合同协议书复印件。每张表格只填写一个项目，并标明序号。

（7）“近年发生的诉讼及仲裁情况”应说明相关情况，并附法院或仲裁机构作出的判决、裁决等有关法律文书复印件，具体年份要求见申请人须知前附表。

（8）申请人应按资格预审文件的要求，编制完整的资格预审申请文件，用不褪色的材料书写或打印，并由申请人的法定代表人或其委托代理人签字或盖单位章。资格预审申请文件中的任何改动之处应加盖单位章或由申请人的法定代表人或其委托代理人签字确认。

为了顺利通过资格预审，投标人应注意平时做好一般资格预审的有关资格积累工作，储存在计算机中。需要填写某个项目资格预审申请文件，可将有关文件调出来加以补充完善。因为资格预审申请文件的内容中，关于财务状况、施工经验、人员能力等属于审查内容，在此基础上，补充一些针对该项目要求的其他材料，即可完成资格预审申请文件需要填写的内容。如果平时不积累资料，完全靠临时填写，时间要求紧迫时可能达不到业主要求而失去投标机会。

填表分析时，既要针对工程特点，下功夫填好各个栏目，又要仔细分析针对业主考虑的重点，全面反映出本公司的施工经验、施工水平和施工组织能力。使资格预审申请文件既能达到业主的要求，又能反应自己的优势，给业主留下深刻印象。

3.2.3 资格预审申请文件的递交

资格预审申请文件正本一份，副本份数按照申请人须知前附表规定的数量准备。正本和副本的封面上应清楚地标记“正本”或“副本”字样。当正本和副本不一致时，以正本为准。资格预审申请文件正本与副本应分别按要求装订成册，并编制目录。

资格预审申请文件的正本与副本应分开包装，加贴封条，并在封条的封口处加盖申请人单位章。在资格预审申请文件的封套上应清楚地标记“正本”或“副本”字样，封套还应写明招标人的全称及地址并注明“______________（项目名称）______标段施工招标资格预审申请文件在____年____月____日____时____分前不得开启”。

未按要求密封和加写标记的资格预审申请文件，招标人将不予受理。

申请人须在资格预审文件规定的申请截止时间之前将申请文件送达资格预审文件规定的地点，并在“申请文件递交时间和密封及标识检查记录表”上签字确认。逾期送达或者未送达指定地点的资格预审申请文件，招标人不予受理。

3.3　建设工程施工投标决策与技巧

随着我国市场经济体制在逐步完善，建筑施工企业作为建筑市场竞争的主体之一积极参与招标投标活动是其生存与发展的重要途径，是施工企业在激烈的竞争中，凭借本企业的实力和优势、经验和信誉以及投标水平和技巧获得工程项目承包任务的过程。因此，掌握投标工作内容，做好投标工作准备，运用恰当投标技巧，编制科学、合理、具有竞争力的投标文件是施工企业投标成功的关键因素。

3.3.1　投标决策

3.3.1.1　投标决策的含义

承包商通过投标获得工程项目是市场经济的必然要求。对于承包商而言，经过前期的调查研究后，针对实际情况作出决策。首先，要针对项目基本情况确定是否投标。然后确定如果投标，投什么性质的标，是要选择赢利，还是保本。最后，要根据确定的策略选择恰当的投标报价方法。

3.3.1.2　影响投标决策的因素

科学正确的、有利于企业发展的决策的作出，其基础工作是进行广泛、深入的调查研究，掌握大量有关投标主客观环境的客观、详尽的信息。所谓“知己知彼，百战不殆”，利用这些可靠的信息资料，结合投标时期企业外部环境和内部条件，找出影响投标的主要因素，是能否在竞争中取胜的重要环节。

1. 主观因素

投标人自己的条件，是投标决策的决定性因素，主要从技术、经济、管理、企业信誉等方面去衡量，是否达到招标文件的要求，能否在竞争中取胜。

（1）技术实力。投标人及技术条件主要应考虑下列因素：

1）拥有精通业务的各种专业人才的情况。

2）设计、施工及解决技术难题的能力。

3）有与招标工程相类似工程的施工经验。

4）具有一定的固定资产和机具设备。

5）具有一定技术实力的合作伙伴。

技术实力不但决定了承包商能承揽的工程的技术难度和规模，而且是实现较低的价格、较短的工期、优良的工程质量的保证，直接关系到承包商在投标中的竞争能力。

（2）经济实力。投标人的经济实力主要应考虑下列因素：

1）具有融资的实力。

2）自由资金能够满足生产需要。

3）具有办理各种担保和承担不可抗力风险的实力。

经济实力决定了承包商承揽工程规模的大小，因此对投标决策时应充分考虑这一因素。

（3）管理实力。投标人的管理实力主要应考虑下列因素：

1）成本管理、质量管理、进度控制的水平。

2）材料资源及供应情况。

3）合同管理及施工索赔的水平。

（4）信誉实力。投标人的信誉实力主要应考虑下列因素：

1）企业的履约情况。

2）获奖情况。

3）资信情况和经营作风。

承包商的信誉是其无形的资产，这是企业竞争力的一项重要内容。因此在投标决策时应正确评价自身的信誉实力。

2. 客观因素

（1）业主和监理的因素。业主的合法民事主体资格、支付能力、履约信誉、工作方式；监理在以往的工程中，处理问题的公正性和合理性等。

（2）竞争对手和竞争形势。投标与否，要注意竞争对手的实力、优势、历年来的报价水平、在建工程情况等。一般来说，如果竞争对手在建工程工期长，就不急于中标，报高价的可能性较大；如果对手在建工程即将完工，必定急切争取中标，报价就不会高。从竞争形势来看，投标人要善于预测竞争形势，推测投标竞争的激烈程度，认清主要的竞争对手。例如，大中型复杂项目的投标以大型承包公司为主，这类企业技术能力强，适应性强。中小型承包公司主要选择中小项目作为投标对象，具有熟悉当地材料、劳动力供应渠道，管理人员比较少、有自己惯用的特殊施工方法等优势。

（3）风险因素。国内工程承包风险相对较少，主要是自然风险、技术风险和经济风险，这类风险可以通过采取措施防范；国际承包风险大得多，除上述风险外，还存在着可能造成致命打击的特殊风险，如战争、政治风险等。

3.3.1.3　投标决策类型

投标人对投标项目内外因素的分析充分考虑该项目的风险后，基于对于风险的不同态度可以选择保险标、风险标、赢利标。根据企业情况，具体可以分为如下类型。

（1）企业投标是为了取得业务，满足企业生存的需要。这是经营不景气或者各方面都没有优势的企业的投标目标。在这种情况下，企业往往选择有把握的项目投标，采取低利或保本策略争取中标。

（2）企业投标是为了创立和提高企业的信誉。能够创立和提高企业信誉的项目，是大多数企业志在必得的项目，竞争必定激烈，投标人必定采取各种有效的策略和技巧去争取中标。

（3）企业经营业务饱满，投标是为了扩大影响或取得丰厚的利润。这类企业通常采用高利润策略，即采取赢利标的策略。

（4）企业投标是为了实现企业的长期利润目标。建筑业企业为了实现利润目标，承揽经营业务就成为头等大事。特别是目前竞争十分激烈的情况下，都把投标作为企业的经常性业务工作。采取薄利多销策略以积累利润，必要时甚至采用保本策略占领市场，为今后积累利润创造条件。

3.3.2 投标报价技巧

评标办法中一般投标报价所占比重达60%左右，报价策略在投标中所占比重非常高。投标技巧是指投标人通过投标决策确定的既能提高中标率，又能在中标后获得期望效益的编制投标文件及其标价的方针、策略和措施。编制投标文件及其标价的方针是最基本的投标技巧。建筑企业应当以诚实信用为方针，在投标全过程贯彻诚实信用原则，用以指导其他投标技巧的选择和应用。

1. 不平衡报价

不平衡报价是指对工程量清单中各项目的单价，按投标人预定的策略作上下浮动，但不变动按中标要求确定的总报价，使中标后能获取较好收益的报价技巧。

在建设工程施工项目投标中，不平衡报价的具体方法主要有：

（1）前高后低。对早期工程可适当提高单价，相应地适当降低后期工程的单价。这种方法对竣工后一次结算的工程不适用。

（2）工程量增加的报高价。工程量有可能增加的项目单价可适当提高，反之则适当降低。这种方法适用于按工程量清单报价、按实际完成工程量结算工程款的招标工程。工程量有可能增减的情形主要有：

1）校核工程量清单时发现的实际工程量将增减的项目。

2）图纸内容不明确或有错误，修改后工程量将增减的项目。

3）暂定工程中预计要实施（或不实施）的项目所包含的分部分项工程等。

（3）工程内容不明确的报低价。没有工程量只填报单价的项目。如果是不计入总报价的，单价可适当提高；工程内容不明确的，单价可以适当降低。

（4）量大价高的提高报价。工程量大的少数子项适当提高单价，工程量小的大多数子项报低价。这种方法适用于采用单价合同的项目。

2. 多方案报价法

多方案报价是投标人针对招标文件中的某些不足，提出有利于业主的替代方案（又称备选方案），用合理化建议吸引业主争取中标的一种投标技巧。

多方案报价法具体做法是：按招标文件的要求报正式标价；在投标书的附录中提出替代方案，并说明如果被采纳，标价将降低的数额。

（1）替代方案的种类：

1）修改合同条款的替代方案。

2）合理修改原设计的替代方案等。

（2）多方案报价法的特点：

1）多方案报价法是投标人的“为业主服务”经营思想的体现。

2）多方案报价法要求投标人有足够的商务经验或技术实力。

3）招标文件明确表示不接受替代方案时，应放弃采用多方案报价法。

3. 扩大标价法

扩大标价法是投标人针对招标项目中的某些要求不明确、工程量出入较大等有可能承担重大风险的部分提高报价，从而规避意外损失的一种投标技巧。例如，在建设工程施工投标中，校核工程量清单时发现某些分部分项工程的工程量，图纸与工程量清单有较大的差异，并且业主不同意调整，而投标人也不愿意让利的情况下，就可对有差异部分采用扩大标价法报价，其余部分仍按原定策略报价。

3.3.3　提高中标率的其他技巧

业主在招标择优选择中标人时，往往在价格、技术、质量、期限、服务等方面有不同的要求，投标人应通过信息资料的收集掌握业主的意图，采用针对性的策略和技巧，满足业主的要求，增加中标的可能性。

（1）服务取胜法。服务取胜法是投标人在工程建设的前期阶段，主动向业主提供优质的服务，例如代办征地、拆迁、报建、审批、申办施工许可证等各种手续，与业主建立起良好的合作关系，有了这个基础，只要能争取进入评标委员会的推荐名单，就能中标。

（2）低标价取胜法。建设工程中的中小型项目，往往技术要求明确，有成功的建设经验，业主大多采用“经评审的最低投标报价法”评标定标。对于这类工程的投标人，应切实把握自己的成本，在不低于成本的条件下，尽可能降低报价，争取以第一标中标。

（3）缩短工期取胜法。建设项目实行法人负责制后，业主投资的资金时间价值的意识明显提高，据调查统计，招标工程中有三分之二以上的项目要求缩短工期，要求比定额工期缩短30%是比较普遍的现象，甚至有要求缩短工期更多的。投标人应在充分认识缩短工期的前提下，制定切实可行的技术措施，合理压缩工期，以业主满意的期限，争取中标。

（4）质量信誉取胜法。质量信誉取胜法是指投标人依靠自己长期努力建立起来的质量信誉争取中标的策略。质量信誉是企业信誉的重要组成部分，是企业长期诚信经营的结晶，一旦获得市场的认同，企业必定进入良性循环阶段。企业在创建质量信誉的过程中，需要付出一定的代价。

投标技巧是投标人在长期的投标实践中，逐步积累的授标竞争取胜的经验，在国内外的建筑市场上，经常运用的投标技巧还有很多，例如开口升级法、突然降价法、先亏后赢法等。投标人应用时，一要注意项目所在地国家法律法规是否允许使用；二要根据招标项目的特点选用；三要坚持贯彻诚实信用原则，否则只能获得短期利益，却有可能损害自己的声誉。

3.4　建设工程施工投标文件的编制

投标文件是整个投标活动的书面成果，是招标人评标、选择中标人、签订合同的重要依据。投标文件必须从实质上响应招标文件在法律、商务、技术的条件要求，不带任何附加条件，避免在评标时因为格式有问题而成为废标。

3.4.1 投标文件的组成

投标文件也称为投标书或报价文件。投标文件的组成，也就是投标文件的内容。根据招标项目的不同、地域的不同，投标文件的组成也会存在一定的区别。但重要的一点是投标文件的组成一定要符合招标文件的要求。根据《标准施工招标文件》（2010年版）的要求，投标文件应包括下列内容。

1. 投标文件投标函部分

投标文件投标函部分主要是对招标文件中的重要条款作出响应，包括法定代表人身份证明书、投标文件签署授权委托书、投标函及投标函附录、投标担保等文件。

（1）法定代表人身份证明书、投标文件签署委托书是证明投标人的合法性及商业资信的文件，按实填写。如果法定代表人亲自参加投标活动，则不需要有授权委托书。但一般情况下，法定代表人都不亲自参加，因此用授权委托书来证明参与投标活动代表进行各项投标活动的合法性。

（2）投标函是承包商向发包方发出的要约，表明投标人完全愿意按照招标文件的规定完成任务。写明自己的标价、完成的工期、质量承诺，并对履约担保、投标担保等作出具体明确的意思表示，加盖投标人单位公章，并由其法定代表人签字和盖章。

（3）投标函附录是明示投标文件中的重要内容和投标人承诺要点的文件。

（4）投标保证金是一种投标责任担保，是为了避免因投标人在投标有效期内随意撤回、撤销投标或中标后不能提交履约保证金和签署合同而给招标人造成损失。投标保证金可以采用现金、现金支票、保兑支票、银行汇票和在中国注册的银行出具的银行保函等多种形式，金额一般不超过招标项目估算价的2%。投标人应按招标文件的规定提交投标担保，投标担保属于投标文件的一部分，未提交视为没有实质上响应招标文件，导致废标。

1）招标文件规定投标保证金采用银行保函方式的，投标人提交由担保银行按招标文件提供的格式文件签发的银行保函，保函的有效期应当与投标有效期一致。

2）招标文件规定投标担保采用支票或现金方式时，投标人可不提交投标担保书，投标保证金应当从投标人基本账户转出。

2. 投标文件商务部分（投标报价部分）

投标文件商务部分因报价方式的不同而有不同文本，按照《建设工程工程量清单计价规范》（GB 50500—2013）的要求，商务标应包括：投标总价及工程项目投标报价汇总表、单项工程投标报价汇总表、单位工程投标报价汇总表、分部（分项）工程工程量清单与报价表、措施项目清单与报价表、其他项目清单与计价汇总表、规费、税金项目清单与计价表、工程量清单综合单价分析表、措施项目报价组成分析表、费率报价表、主要材料和主要设备选用表等。

3. 投标文件技术部分

对于大中型工程和结构复杂、技术要求高的工程来说，投标文件技术部分往往是能否中标的关键性因素。投标文件技术部分通常由施工组织设计、项目管理班子配备情况、项目拟分包情况、企业信誉及实力四部分组成，具体内容如下：

（1）施工组织设计。标前施工组织设计可以比中标后编制的施工组织设计简略，一般包括：工程概况及施工部署、分部（分项）工程主要施工方法、工程投入的主要施工机械设备情况、劳动力安排计划、确保工程质量的技术组织措施、确保安全生产及文明施工的技术组织措施、确保工期的技术组织措施等。其中包括拟投入工程的主要施工机械设备、主要工程材料用量及进场计划、劳动力计划、施工进度网络、施工总平面布置图等附表或附图。

（2）项目管理班子配备情况。项目管理班子配备情况主要包括：项目管理班子配备情况表、项目经理简历表、项目技术负责人简历表和项目管理班子配备情况辅助说明资料等。

（3）项目拟分包情况。如果投标决策中标后拟将部分工程分包出去的，应按规定格式如实填表。如果没有工程分包出去，则在规定表格填上“无”。

（4）企业信誉及实力。企业概况、已建和在建工程、获奖情况以及相应的证明资料。

3.4.2 工程项目施工投标文件的编制步骤

编制投标文件，首先要满足招标文件的各项实质性要求，其次要贯彻企业从实际出发决策确定的投标策略和技巧，按招标文件规定的投标文件格式文本填写，具体步骤如下。

1. 准备工作

编制投标文件的准备工作主要包括：熟读招标文件、踏勘现场、参加答疑会议、市场调查及询价、定额资料和标准图集的准备等。

（1）组建投标班子，确定该工程项目投标文件的编制人员。一般由三类人员组成：经营管理类人员、技术专业类人员、商务金融类人员。

（2）收集有关文件和资料。投标人应收集现行的规范、预算定额、费用定额、政策调价文件，以及各类标准图等。上述文件和资料是编制投标报价书的重要依据。

（3）分析研究招标文件。招标文件是编制投标文件的主要依据，也是衡量投标文件响应性的标准，投标人必须仔细分析研究。重点放在投标须知、合同专用条款、技术规范、工程量清单和图纸等部分。要领会业主的意图，掌握招标文件对投标报价的要求，预测承包到该工程的风险，总结存在的疑问，为后续的踏勘现场、标前会议、编制标前施工组织设计和投标报价做准备。

（4）踏勘现场。投标人的投标报价一般被认为是在经过现场考察的基础上，考虑了现场的实际情况后编制的，在合同履行中不允许承包人因现场考察不周方面的原因调整价格。投标人应做好下列现场勘察工作：

1）现场勘察前充分准备。认真研究招标文件中的发包范围和工作内容、合同专用条款、工程量清单、图纸及说明等，明确现场勘察要解决的重点问题。

2）制定现场勘察提纲。按照保证重点、兼顾一般的原则有计划地进行现场勘察，重点问题一定要勘察清楚，一般情况尽可能多了解一些。

（5）市场调查及询价。材料和设备在工程造价中一般达到50%以上，报价时应谨慎对待材料和设备供应。通过市场调查和询价，了解市场建筑材料价格和分析价格变动趋势，随时随地能够报出体现市场价格和企业定额的各分部分项工程的综合单价。

2. 编制施工组织设计

标前施工组织设计又称施工规划，内容包括施工方案、施工方法、施工进度计划、用料计划、劳动力计划、机械使用计划、工程质量和施工进度的保证措施、施工现场总平面图等，由投标班子中的专业技术人员编制。

3. 校核或计算工程量

(1) 校核或计算工程量。

1) 如果招标文件同时提供了工程量清单和图纸，投标人一定要根据图纸对工程量清单的工程量进行校对，因为它直接影响投标报价和中标机会。

2) 在招标文件仅提供施工图纸的情况下，计算工程量，为投标报价做准备。

(2) 校核工程量的目的。

1) 核实承包人承包的合同数量义务，明确合同责任。

2) 查找工程量清单与图纸之间的差异，为中标后调整工程量或按实际完成的工程量结算工程价款做准备。

3) 通过校核，掌握工程量清单的工程量与图纸计算的工程量的差异，为应用报价技巧做准备。

4. 计算投标报价

(1) 从实际情况出发，通过投标决策确定投标期望利润率和风险费用。

(2) 按照招标文件的要求，确定采用定额计价方式还是工程量清单计价方式计算投标报价。

5. 编制投标文件

投标人按招标文件提供的投标文件格式，填写投标文件。

投标人在投标文件编制全部完成后，应认真进行核对、整理和装订成册，再按照招标文件的要求进行密封和标识，并在报送所规定的截止时间以前将投标文件递交给招标人。

3.4.3 编制工程项目施工投标文件的注意事项

(1) 投标文件必须使用招标人提供的投标文件格式，不能随意更改。

(2) 规定格式的每一空格都必须填写，如有空缺，则被视为放弃意见。若有重要数字不填写的，比如工期、质量、价格未填，将被作为废标处理。

(3) 保证计算数字及书写正确无误，单价、合价、总标价及其大、小写数字均应仔细反复核对。按招标人要求修改的错误，应由投标文件原签字人签字并加盖印章证明。

(4) 投标文件必须字迹清楚，签名及印鉴齐全，装帧美观大方。

(5) 编制投标文件正本一份，副本按招标文件要求份数编制，并注明“正本”“副本”；当正本与副本不一致时，以正本为准。

(6) 投标文件编制完成后应按招标文件的要求整理、装订成册、密封和标识，做好保密工作。

(7) 投递标书不宜太早，通常在截止日期前1～2天内递标，但也必须防止投递标书太迟，超过截止时间送达的标书是无效的。

(8) 采用电子评标方式的，报送的电子书必须能够导入评标系统，否则将被视为废标。

3.4.4 工程项目施工投标文件格式

1. 投标函

投 标 函

致：____________________（招标人名称）

(1) 我方已仔细研究了______（项目编号）______________（项目名称）________标段施工招标文件的全部内容，经考察项目现场和研究上述工程招标文件要求及其他招标资料后，愿意以______________人民币（详见商务标）的投标总报价，工期________日历天，按合同约定实施和完成承包工程，修补工程中的任何缺陷，工程质量达到__________标准。

(2) 我方承诺在投标有效期内不修改、撤销投标文件。

(3) 如我方中标，我方拟派____为本工程项目经理，其项目经理资质为____（专业）____级建造师。

(4) 随同本投标函提交投标保证金一份，金额为人民币（大写）__________元（¥____________）。

(5) 如我方中标：

1) 我方承诺在收到中标通知书后，在中标通知书规定的期限内与你方签订合同。

2) 随同本投标函递交的投标函附录属于合同文件的组成部分。

3) 我方承诺按照招标文件规定向你方递交履约担保。

4) 我方承诺在合同约定的期限内完成并移交全部合同工程。

5) 我方承诺本投标函在招标文件规定的提交投标文件截止时间后，在招标文件规定的投标有效期期满前对我方具有约束力，且随时准备接受你方发出的中标通知书。

(6) 我方在此声明，所递交的投标文件及有关资料内容完整、真实和准确，且不存在第2章“投标人须知”表2.4规定的任何一种情形。

(7)____________________（其他招标文件要求需要承诺的内容）。

投标人：____________________（盖单位章）

法定代表人或其委托代理人：____________（签字）

地址：______________________________

网址：______________________________

电话：______________________________

传真：______________________________

邮政编码：____________________________

____年____月____日

2. 法定代表人身份证明

法定代表人身份证明

投标人名称：＿＿＿＿＿＿＿＿＿＿＿＿＿＿＿＿＿＿＿＿＿＿＿＿

单位性质：＿＿＿＿＿＿＿＿＿＿＿＿＿＿＿＿＿＿＿＿＿＿＿＿＿

地址：＿＿＿＿＿＿＿＿＿＿＿＿＿＿＿＿＿＿＿＿＿＿＿＿＿＿

成立时间：＿＿年＿＿月＿＿日

经营期限：＿＿＿＿＿＿＿＿＿＿＿＿＿＿＿＿＿＿＿＿＿＿＿＿＿

姓名：＿＿＿＿＿ 性别：＿＿＿＿年龄：＿＿＿ 职务：＿＿＿

系＿＿＿＿＿＿＿＿＿＿＿＿＿＿＿＿（投标人名称）的法定代表人。

特此证明。

投标人：＿＿＿＿＿＿＿＿＿＿＿（盖单位章）

＿＿年＿＿月＿＿日

3. 授权委托书

授权委托书

本人＿＿＿（姓名）系＿＿＿＿＿＿（投标人名称）的法定代表人，现委托＿＿＿（姓名）为我方代理人。代理人根据授权，以我方名义签署、澄清、说明、补正、递交、撤回、修改＿＿＿＿（项目名称）＿＿＿＿＿标段施工投标文件、签订合同和处理有关事宜，其法律后果由我方承担。

委托期限：＿＿＿＿＿＿＿＿＿＿＿＿＿＿＿＿

代理人无转委托权。

附：法定代表人身份证明

投　标　人：＿＿＿＿＿＿＿＿＿＿＿＿＿（盖单位章）

法定代表人：＿＿＿＿＿＿＿＿＿＿＿＿＿（签字）

身份证号码：＿＿＿＿＿＿＿＿＿＿＿＿＿

委托代理人：＿＿＿＿＿＿＿＿＿＿＿＿＿（签字）

身份证号码：＿＿＿＿＿＿＿＿＿＿＿＿＿

＿＿年＿＿月＿＿日

4. 联合体协议书

联合体协议书

＿＿＿＿＿＿（所有成员单位名称）自愿组成＿＿＿（联合体名称）联合体，共同参加＿＿＿（项目名称）＿＿标段施工投标。现就联合体投标事宜订立如下协议：

(1)＿＿＿（某成员单位名称）为＿＿＿＿（联合体名称）牵头人。

(2) 联合体牵头人合法代表联合体各成员负责本招标项目投标文件编制和合同谈判活动，并代表联合体提交和接收相关的资料、信息及指示，并处理与之有关的一切事务，负责合同实施阶段的主办、组织和协调工作。

(3) 联合体将严格按照招标文件的各项要求，递交投标文件，履行合同，并对外承担连带责任。

(4) 联合体各成员单位内部的职责分工如下：______________________________

(5) 本协议书自签署之日起生效，合同履行完毕后自动失效。

(6) 本协议书一式____份，联合体成员和招标人各执一份。

注：本协议书由委托代理人签字的，应附法定代表人签字的授权委托书。

牵头人名称：______________________（盖单位章）
法定代表人或其委托代理人：________（签字）

成员一名称：______________________（盖单位章）
法定代表人或其委托代理人：________（签字）

成员二名称：______________________（盖单位章）
法定代表人或其委托代理人：________（签字）

____年____月____日

5. 投标保证金（采用投标担保的格式）

投 标 保 证 金

__________________（招标人名称）：

鉴于__________（投标人名称）（以下称“投标人”）于____年____月____日参加__________（项目名称）______标段施工的投标，______（担保人名称，以下简称“我方”）无条件地、不可撤销地保证：投标人在规定的投标文件有效期内撤销或修改其投标文件的，或者投标人在收到中标通知书后无正当理由拒签合同或拒交规定履约担保的，我方承担保证责任。收到你方书面通知后，在7日内无条件向你方支付投标保证金人民币（大写）__________元。

本保函在投标有效期内保持有效。要求我方承担保证责任的通知应在投标有效期内送达我方。

附：投标保证金收据或银行票据复印件

担保人名称：____________________（盖单位章）
法定代表人或其委托代理人：______（签字）
地址：____________________________
邮政编码：________________________
电话：____________________________
传真：____________________________

____年____月____日

6．工程量清单投标报价书

本节表中格式仅供参考，使用时应结合编制的依据和招标文件的要求作出相应调整。

(1) 投标报价书封面。

投标报价书封面如下：

投 标 总 价

招 标 人：________________

工程名称：________________

投标总价（小写）：________________

（大写）：________________

投 标 人：________________（单位盖章）

法定代表人或其委托代理人：________（签字并盖章）

编 制 人：________（签字并盖造价专业人员专用章）

编制时间：____年____月____日

(2) 总说明。

总 说 明

工程名称：

1．本报价依据本工程投标须知和合同文件的有关条款进行编制。

2．工程量清单报价表中所填入的综合单价和合价，均包括人工费、材料费、机械费、管理费、利润、税金以及采用固定价格的工程所测算的风险金等全部费用。

3．措施项目报价表中所填入的措施项目报价，包括采用的各种措施的费用。

4．其他项目报价表中所填入的其他项目报价，包括工程量清单报价表和措施项目报价表以外的，为完成本工程项目的施工所必须发生的其他费用。

5．本工程量清单报价表中的每一单项均应填写单价和合价，对没有填写单价和合价的项目费用，视为已包括在工程量清单的其他单价或合价之中。

6．本报价的币种为______。

7．投标人应将投标报价需要说明的事项，用文字书写与投标报价表一并报送。

(3) 汇总表。

1) 工程项目投标报价汇总表。

工程名称： 第 页，共 页

序号	单项工程名称	金额/元	其中		
			暂估价/元	安全文明施工费/元	规费/元
合计					

注 本表适用于工程项目投标报价的汇总。

2）单项工程投标报价汇总表。

工程名称：　　　　　　　　　　　　　　　　　　　　　　　　　　　第　页，共　页

序号	单项工程名称	金额/元	其中		
			暂估价/元	安全文明施工费/元	规费/元
合计					

注　本表适用于单项工程投标报价的汇总，暂估价包括分部分项工程中的暂估价和专业工程的暂估价。

3）单位工程投标报价汇总表。

工程名称：　　　　　　　　　　　　　　　　　　　　第　页，共　页

序号	项　目　名　称	金额/元
1	分部分项工程量清单计价合计	
2	措施项目清单计价合计	
3	其他项目清单计价合计	
4	规费	
5	人工费调整	
6	税金	
7	建设工程造价	
合　计		

(4) 分部分项工程量清单表。

1) 分部分项工程量清单与计价表。

工程名称：　　　　　　　　　　　　　　　　　　　　　　　　　　第　页，共　页

序号	项目编码	项目名称	项目特征描述	计量单位	工程量	金额/元		
						综合单价	合价	其中暂估价
本页小计								
合　计								

注　需评审综合单价的项目在该项目编码后面加注“*”号。

2) 工程量清单综合单价分析表。

工程名称：　　　　　　　　　　　　　　　　　　　　　　　　　　第　页，共　页

序号	项目编码	项目名称	项目特征	综合单价组成/元						综合单价/元
				人工费	材料费	机械使用费	管理费	利润	风险费	

（5）措施项目清单表。

1）措施项目清单与计价表（一）。

工程名称： 第 页，共 页

序号	项 目 名 称	计算基础	费率/%	金额/元
1	环境保护费			
2	文明施工费			
3	安全施工费			
4	临时设施费			
5	夜间施工费			
6	二次搬运费			
7	冬雨季施工增加费			
8	工程定位复测、工程交点、场地清理费			
9	室内环境污染物检测费			
10	缩短工期措施费			
11	生产工具用具使用费			
12	其他施工组织措施费			
13	已完工程及设备保护费			
合 计				

注 本表适用于以“项”计价的措施项目。

2）措施项目清单与计价表（二）。

工程名称： 第 页，共 页

序号	项 目 名 称	计量单位	工程数量	单价/元	合价/元	其中人工费/元
1	大型机械进出场及安拆费	项	1.00			
2	混凝土、钢筋混凝土模板及支架费	项	1.00			
3	脚手架费	项	1.00			
4	已完工程及设备保护费	项	1.00			
5	施工排水、降水费	项	1.00			
6	垂直运输机械及超高增加费	项	1.00			
7	构件运输及安装费	项	1.00			
8	其他施工技术措施费	项	1.00			
9	总承包服务费	项	1.00			
本页小计		—	—	—		
合 计		—	—	—		

（6）其他项目清单表。

1）其他项目清单与计价汇总表。

工程名称： 第 页，共 页

序号	项 目 名 称	计量单位	金额/元	备注
1	暂列金额			
2	暂估价			
2.1	材料暂估价			
2.2	专业工程暂估价			
3	计日工			
4	总承包服务费			
合 计				

注 材料暂估单价进入清单项目综合单价，此处不汇总。

2）暂列金额明细表。

工程名称： 第 页，共 页

序号	项 目 名 称	计量单位	暂列金额/元	备注
1				
2				
3				
4				
5				
合 计				

注 此表由招标人填写，如不能详列，也可只列暂列金额总额，投标人应将上述暂列金额计入投标总价中。

3）材料暂估单价表。

工程名称： 第 页，共 页

序号	材料名称、规格、型号	计量单位	单价/元	备注

注 1. 此表由招标人填写，并在备注栏说明暂估价的材料拟用在哪些清单项目上，投标人应将上述材料暂估单价计入工程量清单综合单价报价中。

2. 材料包括原材料、燃料、构配件以及按规定应计入建筑安装工程造价的设备。

4）专业工程暂估价表。

工程名称：　　　　　　　　　　　　　　　　　　　　　　　　　　　　　　　第　页，共　页

序号	工　程　名　称	工程内容	金额/元	备注
合　计				

注　此表由招标人填写，投标人应将上述专业工程暂估价计入投标总价中。

5）计日工表。

工程名称：　　　　　　　　　　　　　　　　　　　　　　　　　　　　　　　第　页，共　页

编号	项　目　名　称	单位	暂定数量	综合单价	合价
一	人　工				
1					
2					
人工小计					
二	材　料				
1					
2					
材料小计					
三	施工机械				
1					
2					
施工机械小计					
总　计					

注　此表项目名称、数量由招标人填写，编制招标控制价时，单价由招标人按有关计价规定确定；投标时，单价由投标人自主报价，计入投标总价。

6）总承包服务费计价表。

工程名称：　　　　　　　　　　　　　　　　　　　　　　　　　　第　页，共　页

序号	项目名称	项目价值/元	服务内容	费率/%	金额/元
1	发包人发包专业工程				
2	发包方供应材料				
合计					

（7）规费、税金项目清单与计价表。

工程名称：　　　　　　　　　　　　　　　　　　　　　　　　　　第　页，共　页

序号	项目名称	计算基础	费率/%	金额/元
1	规费			
1.1	工程排污费			
1.2	社会保障费			
(1)	养老保险费			
(2)	失业保险费			
(3)	医疗保险费			
1.3	住房公积金			
1.4	危险作业意外伤害保险			
2	税金	分部分项工程量清单费＋措施项目清单费＋其他项目清单费＋规费		
合计				

（8）主要材料价格表。

工程名称：　　　　　　　　　　　　　　　　　　　　　　　　　　　第　页，共　页

序号	材料名称	规格、型号及特殊要求	单位	单价/元	备注

7. 施工组织设计

（1）投标人编制施工组织设计的要求：根据招标文件和对现场的勘察情况，采用文字并结合图表形式说明主要施工方法；提出拟投入本标段的主要物资计划、拟投入的主要施工机械及设备计划、拟配备的试验和检测仪器设备情况、劳动力计划等；结合工程特点提出切实可行的工程质量、安全生产、文明施工、工程进度的技术组织措施，同时应对工程施工的重点和难点提出相应技术保证措施，如冬雨季施工技术、减少噪声、降低环境污染、地下管线及其他地上地下设施的保护加固等措施。

（2）若施工组织设计采用技术暗标，则施工组织设计的编制和装订应符合暗标编制和装订要求。

（3）施工组织设计除采用文字方式评审表述外还可附下列图表：

附表1　拟投入本标段的主要施工设备表

附表2　劳动力计划表

附图1　计划开工、竣工日期和施工进度网络图

附图2　施工总平面图

附表1 拟投入本标段的主要施工设备表

序号	设备名称	型号规格	数量	国别产地	制造年份	额定功率/kW	生产能力	用于施工部位	备注

附表2 劳动力计划表

单位：人

工种	按工程施工阶段投入劳动力情况						

附图1 计划开工、竣工日期和施工进度网络图

1. 投标人应递交一份施工进度网络图或施工进度表，说明按招标文件要求的计划工期进行施工的各个关键日期。

2. 施工进度表可采用网络图（或横道图）表示。

附图2 施工总平面图

投标人应递交一份施工总平面图，绘出现场临时设施布置图表并附文字说明，说明加工车间、现场办公、设备及仓储、供电、供水、卫生、生活、道路、消防等设施的情况和布置。

8. 项目管理机构

（1）项目管理机构组成表。

职务	姓名	职称	执业或职业资格证明				备注
			证书名称	级别	证号	专业	

(2) 主要人员简历表。

姓名		年龄		学历	
职称		职务		拟在本合同任职	
毕业学校	年毕业于			学校	专业
主要工作经历					
时间	参加过的类似项目			担任职务	发包人及联系电话

注 “主要人员简历表”中的项目经理应附建造师证、身份证、职称证、安全生产考核合格证，管理过的项目业绩须附合同协议书复印件；技术负责人应附身份证、职称证，管理过的项目业绩须附证明其所任技术职务的企业文件或用户证明；其他主要人员应附职称证（执业证或上岗证书）。

9. 拟分包项目情况表

分包人名称		地址	
法定代表人		电话	
营业执照号		资质等级	
拟分包的工程项目	主要内容	预计造价/万元	已做过的类似工程

注 本表所列分包仅为承包人自行施工范围内的非主体工程。

10. 资格审查资料

(1) 投标人基本情况表。

<table>
<tr><td>投标人名称</td><td colspan="6"></td></tr>
<tr><td>注册地址</td><td colspan="3"></td><td>邮政编码</td><td colspan="2"></td></tr>
<tr><td rowspan="2">联系方式</td><td>联系人</td><td colspan="2"></td><td>电话</td><td colspan="2"></td></tr>
<tr><td>传真</td><td colspan="2"></td><td>网址</td><td colspan="2"></td></tr>
<tr><td>组织结构</td><td colspan="6"></td></tr>
<tr><td>法定代表人</td><td>姓名</td><td></td><td>技术职称</td><td></td><td>电话</td><td></td></tr>
<tr><td>技术负责人</td><td>姓名</td><td></td><td>技术职称</td><td></td><td>电话</td><td></td></tr>
<tr><td>成立时间</td><td colspan="2"></td><td colspan="4">员工总人数：</td></tr>
<tr><td>企业资质等级</td><td colspan="2"></td><td rowspan="5">其中</td><td>项目经理</td><td colspan="2"></td></tr>
<tr><td>营业执照号</td><td colspan="2"></td><td>高级职称人员</td><td colspan="2"></td></tr>
<tr><td>注册资金</td><td colspan="2"></td><td>中级职称人员</td><td colspan="2"></td></tr>
<tr><td>开户银行</td><td colspan="2"></td><td>初级职称人员</td><td colspan="2"></td></tr>
<tr><td>账号</td><td colspan="2"></td><td>技工</td><td colspan="2"></td></tr>
<tr><td>经营范围</td><td colspan="6"></td></tr>
<tr><td>备注</td><td colspan="6"></td></tr>
</table>

注 本表后应附企业法人营业执照及其年检合格的证明材料、企业资质证书副本、安全生产许可证等材料的复印件。

(2) 银行资信证明。

银行出具的存款及资信证明。

(3) 近年来完成的类似项目情况表。

项目名称	
项目所在地	
发包人名称	
发包人地址	
发包人电话	
合同价格	
开工日期	
竣工日期	
承担的工作	
工程质量	
项目经理	
技术负责人	
总监理工程师及电话	
项目描述	
备注	

注 1. 类似项目指____________________工程。

2. 本表后附中标通知书和（或）合同协议书、工程接收证书（工程师竣工验收证书）的复印件，具体年份要求见投标人须知前附表。每张表格只填写一个项目，并标明序号。

(4) 近年来发生的诉讼及仲裁情况。

近年来发生的诉讼和仲裁情况仅限于投标人败诉的，且与履行施工合同有关的案件，不包括调解结案以及未裁决的仲裁或未终审判决的诉讼。

11. 其他材料

投标人根据本项目情况需要提供的其他材料。

小 结

建设工程投标是建筑企业在建筑市场中获得工程项目的主要方式。本章主要介绍建设工程投标的概念、程序以及各阶段的主要工作；学习编制资格预审文件、施工投标文件；初步具有投标决策和报价技巧能力。

案 例 分 析

案 例 分 析 3.1

某建筑工程的招标文件中标明，距离施工现场 1km 处存在一个天然砂场，并且该砂可以免费取用。现场实地考察后承包商没有提出疑问，承包商在投标报价中没有考虑工程买砂的费用，只计算了取砂和运输费用。由于承包商没有仔细了解天然砂场中天然砂的具体情况，中标后，在工程施工中准备使用该砂时，工程师认为该砂级配不符合工程施工要求，而不允许在施工中使用，于是承包商只得自己另行购买符合要求的砂。

承包商以招标文件中标明现场有砂而投标报价中没有考虑为理由，要求业主补偿现在必须购买砂的差价，工程师不同意承包商的补偿要求。

问题：工程师不同意承包商的补偿要求是否合法？

案例分析要点：工程师不同意承包商的补偿要求是合法的。依据《建设工程质量管理条例》第二十九条：施工单位必须按照工程设计要求、施工技术标准和合同约定，对建筑材料、建筑构配件、设备和商品混凝土进行检验，检验应当有书面记录和专人签字；未经检验和检验不合格的，不得使用。《工程建设项目施工招标投标办法》第三十二条：招标人根据招标项目的具体情况，可以组织潜在投标人踏勘项目现场，向其介绍工程场地和相关环境的有关情况。潜在投标人依据招标人介绍情况作出的判断和决策，由投标人自行负责。

本案例中投标人在现场踏勘环节有明显的失误。招标程序有现场踏勘和答疑的内容，有经验的承包商在现场踏勘中应当对招标文件的内容进行核实，所有进入施工现场的原材料必须复检合格后，方可用于施工，显然承包商没有进行砂子的检验，亦未提出异议，就想当然的接受了砂子能够用于工程这个说法，所以只能承担相应的责任。

案 例 分 析 3.2

某施工招标项目接受联合体投标，其中的资质条件为：钢结构工程专业承包二级和装饰装修专业承包一级施工资质。有两个联合体投标人参加了投标，其中一个联合体由 3 个成员单位A、B、C组成，其具备的资质情况分别如下：

成员A：具有钢结构工程专业承包二级和装饰装修专业承包二级施工资质。

成员B：具有钢结构工程专业承包三级和装饰装修专业承包一级施工资质。

成员C：具有钢结构工程专业承包三级和装饰装修专业承包三级施工资质。

该联合体成员共同签订的联合体协议书中，成员A承担钢结构施工，成员B、C承担装饰装修施工。资格审查时，审查委员会对最终确定该联合体的资格是否满足本项目资格条件意见不一，有以下三种意见：

意见1：该联合体满足本项目资格要求。因为联合体成员中，分别有钢结构工程专业承包二级的施工企业成员A和装饰装修专业承包一级施工资质成员B。

意见2：该联合体不满足本项目资格要求。因为《招标投标法》第三十一条明确规定“联合体各方均应当具备规定的相应资格条件”，这里的联合体成员A、B、C均不同时满足钢结构工程专业承包二级和装饰装修专业承包一级施工资质。

意见3：该联合体不满足本项目资格要求。因为《招标投标法》第三十一条明确规定“由同一专业的单位组成的联合体，按照资质等级较低的单位确定资质等级”。本案中，3个单位均具有钢结构和装饰装修专业资质，按照该条规定，该联合体的资质等级应该为钢结构专业承包三级和装饰装修专业承包二级，所以，该联合体的资质不满足本项目资格条件。

问题：分析上述三种意见正确与否，说明理由并确定该联合体的资质。

案例分析要点：上述三种意见中，第二、三两种意见的结论正确，但其理由以及第一种意见均不正确。

案例分析3.3

某管道工程采用工程量清单招标，其制定的招标策略为“低价优先”。招标文件中提供的工程量为估算量，工程结算以实际完成工程量结算。现有两种综合单价，见表3.1。

表3.1 两种综合单价表

分项工程名称	招标文件工程量/m^3	实际完成工程量/m^3	方案1单价/元	方案2单价/元
黏土开挖	9000	18000	5.4	2
岩石开挖	2800	2800	26	25
7寸钢管铺设	800	800	16	18
级配砂石回填	3600	3600	21	20
3：7灰土回填	5600	7000	13	20
表层土回填	500	500	5	6

问题：

(1) 计算方案1和方案2在招标阶段和工程结算阶段的工程总价。

(2) 分析哪一种单价在招标阶段占优势，哪一种单价在结算上占优势。

案例分析要点：

方案1结算表见表3.2。

表 3.2 方案 1 结算表

分项工程名称	单价/元	招标文件工程量	招标总价/元	实际完成工程量	结算总价/元
黏土开挖	5.4	9000m^3	48600.00	18000m^3	97200.00
岩石开挖	26	2800m^3	72800.00	2800m^3	72800.00
7 寸钢管铺设	16	800m^3	12800.00	800m^3	12800.00
级配砂石回填	21	3600m^3	75600.00	3600m^3	75600.00
表层土回填	5	500m^3	2500.00	500m^3	2500.00
3∶7 灰土回填	14	5600m^3	78400.00	7000m^3	98000.00
总计			290700.00		358900.00

方案 2 结算表见表 3.3。

表 3.3 方案 2 结算表

分项工程名称	单价/元	招标文件工程量	招标总价/元	实际完成工程量	结算总价/元
黏土开挖	2	9000m^3	18000.00	18000m^3	36000.00
岩石开挖	28	2800m^3	78400.00	2800m^3	78400.00
7 寸钢管铺设	20	800m^3	16000.00	800m^3	16000.00
级配砂石回填	22	3600m^3	79200.00	3600m^3	79200.00
3∶7 灰土回填	20	5600m^3	112000.00	7000m^3	140000.00
表层土回填	6	500m^3	3000.00	500m^3	3000.00
总计			306600.00		352600.00

由（1）的计算可以看出，方案 1 在招标阶段价格为 290700.00 元人民币，方案 2 为 306600.00 元人民币，方案 1 较方案 2 少 15900.00 元人民币。招标采用的策略为“低价优先”，所以方案 1 在招标阶段占优势。

同样的，方案 1 的工程结算价为 358900.00 元人民币，方案 2 的工程结算价为 352600.00 元人民币。方案 1 比方案 2 多结算 6300.00 元人民币。所以方案 1 在工程结算时亦占优势。

练习思考题

1. 单选题

（1）投标书是投标人的投标文件，是对招标文件提出的要求和条件作出（　　）的文本。

A. 附和　　B. 否定　　C. 响应　　D. 实质性响应

（2）投标文件正本（　　），副本份数见投标人须知前附表。正本和副本的封面上应清楚地标记“正本”或“副本”的字样。当副本和正本不一致时，以正本为准。

A. 1 份　　B. 2 份　　C. 3 份　　D. 4 份

（3）下列选项中，属于投标文件密封的规范中要求投标文件外层封套应写明的是（　　）。

A. 开启时间　　B. 投标人地址　C. 投标人名称　D. 投标人邮政编码

(4) 工程投标文件一般的内容组成不包括（　）。

A. 技术性能参数的详细描述　　B. 投标函及投标函附录

C. 施工组织设计　　D. 已标价的工程量清单

(5) 招标文件内容组成中，投标人最为关注的核心内容是（　）。

A. 投标人须知　　B. 评标办法

C. 合同条件及格式　　D. 工程量清单

(6) 在投标文件格式中，（　）既是投标人投标决策承诺的根据，又是投标中标后组织实施的必要准备。

A. 技术、服务和管理方案　　B. 投标报价文件

C. 联合体协议书　　D. 投标函及其附录

(7) 下列主体在其注册地从事招标投标活动时，可以不适用《招标投标法》的是（　）。

A. 境外中资企业　　B. 境内外商独资企业

C. 境内私营企业　　D. 境内中外合资企业

(8) 投标文件应用不褪色的材料书写或打印，并有投标人的法定代表人或其委托代理人签字或盖单位章。委托代理人签字的，投标文件应附法定代表人签署的（　）。

A. 意见书　　B. 法定委托书

C. 指定委托书　　D. 授权委托书

(9) 下列答案中哪个关于投标预备会的解释是正确的是（　）。

A. 投标预备会是招标人为投标人踏勘现场而召开的准备会

B. 投标预备会是招标人为解答投标人在踏勘现场提出的问题召开的会议

C. 投标预备会是招标人为解答投标人阅读招标文件后提出的问题召开的会议

D. 投标预备会是招标人为解答投标人在阅读招标文件和踏勘现场后提出的疑问，按照招标文件规定的时间而召开的会议

(10) 下列选项中，对投标保证金金额的相关内容描述不正确的是（　）。

A. 投标保证金金额通常有相对比例金额和固定金额两种形式

B. 相对比例是以投标总价作为计算基数

C. 固定比例是招标文件规定投标人提交统一金额的投标保证金

D. 相对比例投标保证金金额与投标报价无关

2. 多选题

(1) 投标资格申请人不得存在的情况包括（　）。

A. 为本标段的代建人

B. 为本标段的监理单位

C. 为本标段前期准备提供设计或咨询服务的设计施工总承包单位

D. 为本标段提供招标代理服务的单位

E. 为本标段的代建人同为一个法定代表的

(2) 以下哪些项目属于措施费（　）。

A. 安全文明施工费　　B. 临时设施费　　C. 夜间施工费

D. 材料二次搬运费　　E. 工程排污费

(3) 采用工程量清单报价法编制的投标报价，主要由（　　）几部分组成。

A. 分部分项工程费　　B. 其他项目费　　C. 措施项目费

D. 规费和税金　　E. 间接费

(4) 某施工招标项目接受联合体投标，其资质条件为钢结构工程专业承包二级和装饰装修专业承包一级施工资质。以下符合该资质要求的联合体是（　　）。

A. 具有钢结构工程专业承包二级和装饰装修专业承包二级施工资质

B. 具有钢结构工程专业承包一级和装饰装修专业承包一级施工资质

C. 具有钢结构工程专业承包一级和装饰装修专业承包二级施工资质

D. 具有钢结构工程专业承包二级和装饰装修专业承包一级施工资质

E. 具有钢结构工程专业承包二级和装饰装修专业承包三级施工资质

(5) 下列内容是投标文件的，包括（　　）。

A. 施工组织设计

B. 投标函及投标函附录

C. 缴税证明

D. 固定资产证明

E. 投标保证金或保函

3. 思考题

(1) 建设工程施工投标的主要工作有哪些？

(2) 联合体投标要注意哪些问题？

(3) 简述资格预审申请文件的组成？

(4) 影响投标决策的因素有哪些？

(5) 试述建设工程投标文件的组成部分？

第4章　建设工程开标、评标与定标

教学目标　了解开标程序；掌握评标委员会的组成及其要求；掌握评标方法及其适用范围。

4.1　开　标

4.1.1　开标的时间和地点

我国《招标投标法》规定，开标应当在招标文件确定的提交投标文件截止时间的同一时间公开进行。这样规定是为了避免投标中的舞弊行为。出现以下情况时征得建设行政主管部门的同意后，可以暂缓或者推迟开标时间。

（1）招标文件发售后对原招标文件做了变更或者补充。

（2）开标前发现有影响招标公正性的不正当行为。

（3）出现突发事件等。

开标地点应当为招标文件中投标人须知前附表中预先确定的地点。

4.1.2　出席开标会议的规定

开标由招标人主持，并邀请所有投标人的法定代表人或其委托的代理人准时参加。招标人可以在投标人须知前附表中对此做进一步说明，同时明确投标人的法定代表人或其委托代理人不参加开标的法律后果，通常不应以投标人不参加开标为由将其投标作废标处理。

建设工程招标投标管理机构应派人参加开标会议，对开标过程进行现场监督。开标时，由投标人或者其推选的代表检查投标文件的密封情况，也可以由招标人委托公证机构检查并公证。经确认无误后，由工作人员当众拆封，宣读投标人名称、投标价格和投标文件的其他主要内容。招标人在招标文件要求提交投标文件的截止时间前收到的所有投标文件，开标时都应当众予以拆封、宣读（规定提交合格的撤回通知的文件不予开封，并退回给投标人）。未通过资格预审的申请人提交的投标文件，以及逾期送达或者不按招标文件要求密封的投标文件，招标人不予受理。

唱标应按施工招标文件“投标人须知前附表”所确定的开标顺序进行，唱标内容按规定格式填写开标记录表，由招标人代表、记录人、监标人共同签字确认，并附参加开标的所有单位人员签到表，以存档备查。

投标人少于3个的，不得开标；招标人应当重新招标。投标人对开标有异议的，应当在开标现场提出，招标人应当当场作出答复，并制作记录。

4.1.3 开标程序

根据《中华人民共和国标准施工招标文件》（九部委令〔2007〕56号）（简称《标准施工招标文件》）的规定，主持人按下列程序进行开标：

（1）宣布开标纪律。

（2）公布在投标截止时间前递交投标文件的投标人名称，并点名确认投标人是否派人到场。

（3）宣布开标人、唱标人、记录人、监标人等有关人员姓名。

（4）按照投标人须知前附表规定检查投标文件的密封情况。

（5）按照投标人须知前附表的规定确定并宣布投标文件开标顺序。

（6）设有标底的，公布标底。

（7）按照宣布的开标顺序当众开标，公布投标人名称、标段名称、投标保证金的递交情况、投标报价、质量目标、工期及其他内容，并记录在案。

（8）投标人代表、招标人代表、监标人、记录人等有关人员在开标记录上签字确认。

（9）开标结束。

4.2 评　标

4.2.1 评标的原则以及保密性和独立性

评标活动应遵循公平、公正、科学、择优的原则，招标人应当采取必要的措施，保证评标在严格保密的情况下进行。评标是招标投标活动中一个十分重要的阶段，如果对评标过程不进行保密，则有可能发生影响公正评标的不正当行为。

评标委员会成员名单一般应于开标前确定，而且该名单在中标结果确定前应当保密。

评标委员会在评标过程中是独立的，任何单位和个人都不得非法干预、影响评标过程和结果。

4.2.2 评标委员会

1. 评标委员会的组建

评标委员会由招标人按照投标人须知前附表的规定依法组建。评标委员会负责评标活动，向招标人推荐中标候选人或者根据招标人的授权直接确定中标人。

评标委员会由招标人或其委托的招标代理机构熟悉相关业务的代表，以及有关技术、经济等方面的专家组成，成员人数为5人以上的单数。其中，招标人的代表应具有完成相应项目资格审查的业务素质和能力，人数不能超过资格审查委员会成员的1/3；有关技术、经济等方面的专家，不得少于成员总数的2/3。其评标委员会设负责人的，负责人由评标委员会成员推举产生或者由招标人确定，评标委员会负责人与评标委员会的其他成员有同等的表决权。

评标委员会的专家成员应当从省级以上人民政府有关部门提供的专家名册或者招标代

理机构专家库内的相关专家名单中确定。确定评标专家，可以采取随机抽取或者直接确定的方式。一般项目，可以采取随机抽取的方式；技术特别复杂、专业性要求特别高或者国家有特殊要求的招标项目，采取随机抽取方式确定的专家难以胜任的，可以经过规定的程序由招标人直接确定。

2. 对评标委员会成员的要求

评标委员会中的专家成员应符合下列条件：

（1）从事相关专业领域工作满八年并具有高级职称或者同等专业水平。

（2）熟悉有关招标投标的法律法规，并具有与招标项目相关的实践经验。

（3）能够认真、公正、诚实、廉洁地履行职责。

（4）身体健康，能够承担评标工作。

有下列情形之一的，不得担任评标委员会成员，且应当回避：①招标人或投标人主要负责人的近亲属；②项目主管部门或者行政监督部门的人员；③与投标人有经济利益关系，可能对投标公正评审有影响的；④曾因在招标、评标以及其他与招标投标有关活动中从事违法行为而受过行政处罚或刑事处罚的。

4.2.3　评标的准备与初步评审

1. 评标的准备

（1）熟悉文件资料。评标委员会成员应当编制供评标使用的相应表格，认真研究招标文件，至少应了解和熟悉以下内容：

1）招标的目标。

2）招标项目的范围和性质。

3）招标文件中规定的主要技术要求、标准和商务条款。

4）招标文件中规定的评标标准、评标方法和在评标过程中考虑的相关因素。

招标人或者其委托的招标代理机构应当向评标委员会提供评标所需的重要信息和数据。

评标委员会应当根据招标文件中规定的评标标准和方法，对投标文件系统地进行评审和比较。招标文件中没有规定的标准和方法不得作为评标的依据。因此，评标委员会成员还应当了解招标文件规定的评标标准和方法，这也是评标的重要准备工作。

（2）做好清标工作。所谓清标就是通过采用核对、比较、筛选等方法，对投标文件进行的基础性的数据分析和整理工作。其目的是找出投标文件中可能存在的疑义或者显著异常的数据，为初步评审以及详细评审中的质疑工作提供基础。

技术标和商务标都有进行清标的必要，但一般而言，清标主要是针对商务标（投标报价）部分。

清标应该由清标工作组完成，当然也可以由招标人依法组建的评标委员会进行，招标人也可以另行组建清标工作组负责清标。清标工作组应该由招标人选派或者邀请熟悉招标工程项目情况和招标投标程序、专业水平和职业素质较高的专业人员组成，招标人也可以委托工程招标代理单位、工程造价咨询单位或者监理单位组织具备相应条件的人员组成清标工作组。清标工作组人员的具体数量应该视工作量的大小确定，一般建议应该在 3 人以上。

清标工作的主要内容包括以下几个方面：

1）算术性错误的复核与整理。

2）不平衡报价的分析与整理。

3）错项、漏项、多项的核查与整理。

4）综合单价、取费标准合理性分析与整理。

5）投标报价的合理性和全面性分析与整理。

6）形成书面的清标情况报告。

2. 初步评审

根据《评标委员会和评标方法暂行规定》和《标准施工招标文件》的规定，我国目前评标中主要采用的方法包括经评审的最低中标价法和综合评估法，两种评标方法在初步评审的内容和标准上基本一致。

(1) 初步评审标准，包括以下四个方面：

1）形式评审标准。包括投标人名称与营业执照、资质证书、安全生产许可证一致；投标函上有法定代表人或其委托代理人签字或加盖单位章；投标文件格式符合要求；联合体投标人已提交联合体协议书，并明确联合体牵头人（如有）；报价唯一，即只能有一个有效报价，等等。

2）资格评审标准。如果是未进行资格预审的，应具备有效的营业执照，具备有效的安全生产许可证，并且资质等级、财务状况、类似项目业绩、信誉、项目经理、其他要求、联合体投标人等均符合规定。如果是已进行资格预审的，仍按前文所述“资格审查办法”中详细审查标准来进行。

3）响应性评审标准。主要的评审内容包括投标报价校核，审查全部报价数据计算的正确性，分析报价构成的合理性，并与招标控制价进行对比分析，还有工期、工程质量、投标有效期、投标保证金、权利义务、已标价工程量清单、技术标准和要求等，均应符合招标文件的有关要求。也就是说投标文件实质上应响应招标文件的所有条款、条件，无显著的差异或保留。所谓显著的差异或保留，包括以下情况：对工程的范围、质量及使用性能产生实质性影响；偏离了招标文件的要求，而对合同中规定的招标人的权利或者投标人的义务造成实质性的限制；纠正这种差异或者保留将会对提交了实质性响应要求的投标书的其他投标人的竞争地位产生不公正影响。

4）施工组织设计和项目管理机构评审标准主要包括：施工方案与技术措施、质量管理体系与措施、安全管理体系与措施、环境保护管理体系与措施、工程进度计划与措施、资源配备计划、技术负责人、其他主要人员、施工设备、试验、检测仪器设备等，符合有关标准。

(2) 投标文件的澄清和说明。评标委员会可以书面方式要求投标人对投标文件中含义不清的内容做必要的澄清、说明或补正，但是澄清、说明或补正不得超出投标文件的范围或者改变投标文件的实质性内容。对招标文件的相关内容作出澄清、说明或补正，其目的是有利于评标委员会对投标文件的审查、评审和比较。澄清、说明或补正包括投标文件中含义不明确、对同类问题表述不一致或者有明显文字和计算错误的内容。但评标委员会不得向投标人提出带有暗示性或诱导性的问题，或向其明确投标文件中的遗漏和错误。同时，评标委员会不接受投标人主动提出的澄清、说明或补正。

投标文件不响应招标文件的实质性要求和条件的，招标人应当拒绝，并不允许投标人通过修正或撤销其不符合要求的差异或保留，使之成为具有相应性的投标。

评标委员会对投标人提交的澄清、说明或补正有疑问的，可以要求投标人进一步澄清、说明、补正，直到满足评标委员会的要求为止。

1）投标报价有算数错误的，评标委员会按以下原则对投标报价进行修正，修正的价格经投标人书面确认后具有约束力。投标人不接受修正价格的，其投标作为废标处理。

2）投标文件中的大写金额与小写金额不一致的，以大写金额为准。

3）总价金额与依据单价计算出的结果不一致的，以单价金额为准修正总价，但单价金额小数点有明显错误的除外。

此外，如对不同文字文本投标文件的解释发生异议，以中文文本为准。

（3）经初步评审后作为废标处理的情况。评标委员会应当审查每一投标文件是否对招标文件提出的所有实质性要求和条件作出响应。未能在实质上响应的投标，应作为废标处理。具体情形包括：

1）不符合招标文件规定“投标人资格要求”中任何一种情形的。

2）投标人以他人名义投标、串通投标、弄虚作假或有其他违法行为的。

3）不按评标委员会要求澄清、说明或补正的。

4）评标委员会发现投标人的报价明显低于其他投标报价或者在设有标底时明显低于标底，使得其投标报价可能低于其个别成本的，应当要求该投标人作出书面说明并提供相关证明材料。投标人不能合理说明或者不能提供相关证明材料的，由评标委员会认定该投标人以低于成本报价竞标，其投标应作为废标处理。

5）投标文件无单位盖章并无法定代表人或法定代表人授权的代理人签字或盖章的。

6）投标文件未按规定的格式填写，内容不全或关键字迹模糊、无法辨认的。

7）投标人递交两份或多份内容不同的投标文件，或在一份投标文件中对同一招标项目报有两个或多个报价，且未声明哪一个有效的。按招标文件规定提交备选投标方案的除外。

8）投标人名称或组织机构与资格预审时不一致的。

9）未按招标文件要求提交投标保证金的。

10）联合体投标未附联合体各方共同投标协议的。

4.2.4 详细评审方法

经初步评审合格的投标文件，评标委员会应当根据招标文件确定的评标标准和方法，对其技术部分和商务部分做进一步评审、比较称为详细评审。详细评审的方法包括经评审的最低投标价法和综合评估法两种。

1. 经评审的最低投标价法

经评审的最低投标价法一般适用于具有通用技术、性能标准或者招标人对其技术、性能没有特殊要求的招标项目。采用经评审的最低投标价法，评标委员会对满足招标文件实质性要求的投标文件，根据招标文件规定的量化因素及量化标准进行价格折算，按照经评审的投标价（评标价）由低到高的顺序推荐中标候选人，或根据招标人授权直接确定中标人，但投标报价低于其成本的除外。评标价相等时，投标报价低的优先；投标报价相等的，由招标人自行确定。

经评审的最低报价法对技术标部分的评审一般采用合格制。评标委员会对施工组织设计或施工方案、施工组织机构、质量控制措施、工期保证、劳动力计划、施工机械配备、安全文明措施和综合管理水平按照招标文件要求和工程特点等进行“可行”或“不可行”的评审。技术标“可行”的进入商务标评审。

商务标评审首先依据相关原则对投标报价中存在的算术错误进行修正，并按照招标文件规定的标准和方法进行错漏项、不平衡报价等方面的分析，进行价格折算，计算出评标价，在对各个投标价格和影响投标价格合理性的因素逐一进行分析的基础上，根据投标人澄清和说明的结果，计算出对投标人投标报价进行合理化修正后所产生的最终差额，判断投标人的投标报价是否低于其成本，否决低于成本的投标报价，最终按照评标价从低到高的顺序推荐中标候选人。

【例 1】 经评审的最低投标价法评标价的计算：某工程项目招标文件专用合同条款中，约定计划工期 500 日，预付款为签约合同价的 20%，月工程进度款为月应付款的 85%，保修期为 18 个月，招标文件许可的偏离项目和偏离范围见表 4.1。

表 4.1　许可偏离项目及范围一览表

序号	许可偏离项目	许可偏离范围
1	工期	450 日≤投标工期≤540 日
2	预付款额度	15%≤预付款额度≤25%
3	工程进度款	75%≤工程进度款≤90%
4	综合单价遗漏	单价遗漏项数不多于 3 项
5	综合单价	在有效投标人该子目综合单价平均值的 10%内
6	保修期	18 个月≤投标保修期≤24 个月

假定承包人每提前 10 日交付给发包人带来的效益为 6 万元，工程预付款的 1%为 10 万元，进度款的 1%为 4 万元。另外，保修期每延长一个月，发包人少支出维护费 3 万元。

招标文件中所设定的价格折算标准见表 4.2。

表 4.2　评标价格折算标准

序号	折算因素	折　算　标　准
1	工期 500 日	在计划工期基础上，每提前 10 日调减投标报价 6 万元
2	预付款额度 20%	在预付款 20%额度基础上，每少 1%调减投标报价 5 万元，每多 1%调增投标报价 10 万元
3	工程进度款 85%	在进度付款 85%额度基础上，每少 1%调减投标报价 2 万元，每多 1%调增投标报价 4 万元
4	综合单价遗漏	调增其他投标人该遗漏项最高报价
5	综合单价	每偏离有效投标人该子目综合单价平均值的 1%，调增该子目价格的 0.2%
6	保修期 18 个月	每延长一个月减 3 万元

如果某投标人投标报价为 6000 万元，不存在算术性错误、其工期为 450 日历天，预付款额度为投标价的 24%，进度款为 80%，其综合单价均在该子目其他投标人综合单价的 10%内，无单价遗漏项，且保修期为 24 个月，则该投标人的评标价为：

6000 万元－[(6 万元/10 日)×(500 日－450 日)]＋[(10 万元/1%)×(24%－20%)]－[(2 万元/1%)×(85%－80%)]－[3 万元/月×6 月]＝5982 万元。

2. 综合评估法

综合评估法一般适用于招标人对其技术、性能具有比较特殊要求的项目。采用综合评估法的，评标委员会对满足招标文件实质性要求的投标文件，按照招标文件规定的评分标准进行打分，并按得分由高到低顺序推荐中标候选人，或根据招标人授权直接确定中标人，但投标报价低于其成本的除外。综合评标价相等时、以投标报价低的优先；投标报价也相等的，由招标人自行确定。

技术标评审分为“明标”方式和“暗标”方式。采用“暗标”方式的，其格式需采用招标文件中对施工组织设计编制的格式要求，不符合相应要求的，将被视为废标。技术标评审需对技术标的下列内容进行评审或打分：①施工组织设计；②施工进度计划、保证措施和违约责任承诺；③劳动力和材料投入计划及其保证措施；④机械设备投入计划；⑤施工平面布置和临时设施布置；⑥安全文明施工措施；⑦质量保证和质量违约责任承诺；⑧关键施工技术、工艺、重点、难点分析和解决方案。

商务标评审包括投标总价评审和分项报价评审。投标总价评审需要首先按照评标办法前附表中规定的方法计算“评标基准价”。评标基准价分为：

(1) 绝对基准价：标底价。

(2) 相对基准价：①投标人的最低价；②有效平均价（投标人平均价）。

(3) 组合基准价（复合标底）：有效均价×A＋标底×B，其中 $A+B=1$。

然后计算各个已通过了初步评审、施工组织设计评审和项目管理机构评审并且经过评审认定为不低于其成本的投标报价的“偏差率”。最后按照评标办法前附表中规定的评分标准，对照投标报价的偏差率，分别对各个投标报价进行评分。分项报价评审，首先按照招标文件中规定的方法抽取分项报价项目，再依次计算各分项的评标基准价、报价“偏差率”、评分，然后按照规定方法汇总得分。投标总价得分和各分项报价得分按照规定的比例合计计算投标报价得分。

商务标详细评审前，应对投标报价明显不均衡报价和漏项进行分析，对投标报价中不可竞争费进行核实。明显不均衡报价是指投标报价中所产生的不均衡报价影响到其他投标人的公平竞争。漏项是指没有按招标文件要求填报或者单价不为零填报为零。不可竞争费包括规费、安全施工费、文明施工费、税金等。其规费标准按照建设行政主管部门核准的规费费率标准计取。在工程招标投标及价款结算中任何一方主体不得随意调整。

【例 2】　××省工程量清单评标综合评估法。

(1) 商务标评审。商务标部分满分为 80 分，各评审因子如下：

1) 总报价（40 分）。所有保留的投标报价中去掉一个最高报价和一个最低报价后的算术平均值作为评标基准价。

投标报价每高于评标基准价 1%（含 1%）扣 1 分，投标报价每低于评标基准价 1%

（含1%）扣0.5分。

2）分部（分项）工程工程量清单综合单价报价（15分）。以最接近且低于总报价评标基准价的投标人的投标报价为准，每个分部工程中按分项工程综合单价占该分部工程全部综合单价的比重，从高至低抽取1～2项清单项目报价共15项（同类项只取一项），以同一编号抽取其他投标人的分部（分项）工程工程量清单综合单价报价。招标人也可根据工程需要在招标文件中按比重由高到低原则，明确15项分部（分项）工程综合单价作为评审内容。

抽取（或明确）综合单价报价后，将同一编号的报价去掉一个最高报价和一个最低报价的算术平均值作为评标基准价。

主要项目清单报价得分＝15－∑[（投标报价－评标基准价）/评标基准价]

3）措施项目清单报价（15分）。措施项目清单除不可竞争费外，招标人可根据工程特点按照××省建设工程工程量清单计价费用定额中所列措施项目中，至少选取5项（不足的全部选取）评审项目并在招标文件中列明。

以相对应施工方案可行的措施费报价最低的作为评标基准价。

措施项目清单报价得分＝15－∑[（投标报价－评标基准价）/评标基准价]

4）主要材料报价（10分）。以最接近且低于总报价评标基准价的投标人的投标报价为准，按材料单价费占全部材料比重，从高至低抽取10项不同类型的材料，同类型材料中只取比重最大的一项，以同一编号抽取其他投标人的主要材料报价进行评审。

将抽取的10项材料报价同一编号中去掉一个最高报价和一个最低报价后的算术平均值作为评标基准价。

主要材料报价得分＝10－∑[（投标报价－评标基准价）/评标基准价]

商务标总得分：上述评审因子评审分数之和。

（2）技术标评审。技术标满分为15分。

技术部分的评审评分：主要施工方法20分；投入的主要物资计划6分；拟投入的主要施工机械6分；劳动力安排计划6分；确保工程质量的技术组织措施8分；确保安全生产的技术组织措施8分；确保工期的技术组织措施8分；确保文明施工的技术组织措施7分；施工总进度或施工网络图11分；确保报价完成工程建设的技术和管理措施10分；施工总平面布置图10分。

技术标总得分：去掉一个最高评审分和一个最低评审分的算术平均值。

（3）信用档案。信用档案5分，其中包括投标人和项目经理近年来信用、履约、业绩等情况及拟派出的主要施工人员情况。各项考核内容和分值应在招标文件中写明。计分以建设行政主管部门建立的信用档案记录为准。所有其他证明一律无效。

（4）汇总商务标、技术标、信用档案各项得分即为投标人的总得分。

4.3 定　标

4.3.1 评标结果

除招标人授权直接确定中标人外，评标委员会按照经评审的价格由低到高的顺序推荐中标候选人。评标委员会完成评标后，应当向招标人提交书面评标报告，并抄送有关行政监督部门。评标报告应当如实记载以下内容：

（1）基本情况和数据表。

（2）评标委员会成员名单。

（3）开标记录。

（4）符合要求的投标人一览表。

（5）废标情况说明。

（6）评标标准、评标方法或者评标因素一览表。

（7）经评审的价格或者评分比较一览表。

（8）经评审的投标人排序。

（9）推荐的中标候选人名单与签订合同前要处理的事宜。

（10）澄清、说明、补正事项纪要。

评标报告由评标委员会全体成员签字。对评标结论持有异议的，评标委员会成员可以书面方式阐述其不同意见和理由。评标委员会成员拒绝在评标报告上签字且不陈述其不同意见和理由的，视为同意评标结论。评标委员会应当对此作出书面说明并记录在案。

4.3.2　中标候选人的确定

除招标文件中特别规定了授权评标委员会直接确定中标人外，招标人应依据评标委员会推荐的中标候选人确定中标人，评标委员会推荐中标候选人的人数应符合招标文件的要求，一般应当限定在 1～3 人，并标明排列顺序。

中标人的投标应当符合下列条件之一：

（1）能够最大限度地满足招标文件中规定的各项综合评价标准。

（2）能够满足招标文件的实质性要求，并且经评审的投标价格最低；但是投标价格低于成本的除外。

对使用国有资金投资或者国家融资的项目，招标人应当确定排名第一的中标候选人为中标人。排名第一的中标候选人放弃中标，因不可抗力提出不能履行合同，或者招标文件规定应当提交履约保证金而在规定的期限内未能提交的，招标人可以确定排名第二的中标候选人为中标人。排名第二的中标候选人因上述同样原因不能签订合同的，招标人可以确定排名第三的中标候选人为中标人。

招标人可以授权评标委员会直接确定中标人。

招标人不得向中标人提出压低报价、增加工作量、缩短工期或其他违背中标人意愿的要求，以此作为发出中标通知书和签订合同的条件。

招标人不得强制要求中标人垫付中标项目建设资金。中标人垫付建设资金的，当事人对垫资和垫资利息有约定，承包人请求按照约定返还垫资及利息的，应予支持，但是，约定的利息计算标准高于中国人民银行同期同类贷款利率的部分除外。当事人对垫资没有约定的，按照工程欠款处理。当事人对垫资利息没有约定的，承包人请求支付利息，不予支持。

4.3.3 发出中标通知书并订立书面合同

1. 中标通知

中标人确定后，招标人应当向中标人发出中标通知书，并同时将中标结果通知所有未中标的投标人。中标通知书对招标人和中标人具有法律效力。中标通知书发出后，招标人改变中标结果，或者中标人放弃中标项目的，应当依法承担法律责任。依据《招标投标法》的规定，依法必须进行招标的项目，招标人应当自确定中标人之日起15日内，向有关行政监督部门提交招标投标情况的书面报告。书面报告中至少应包括下列内容：

（1）招标范围。

（2）招标方式和发布招标公告的媒介。

（3）招标文件中投标人须知、技术条款、评标标准和方法、合同主要条款等内容。

（4）评标委员会的组成和评标报告。

（5）中标结果。

2. 履约担保

在签订合同前，中标人以及联合体的中标人应按照招标文件有关规定的金额、担保形式和招标文件规定的履约担保格式，向招标人提交履约担保。履约担保有现金、支票、履约担保书和银行保函等形式，可以选择其中的一种作为招标项目的履约担保，一般采用银行保函和履约担保书。

履约担保金额一般为中标价的10%。中标人不能按要求提交履约担保的，视为放弃中标，其投标保证金不予退还，给招标人造成的损失超过投标保证金数额的，中标人还应当对超过部分予以赔偿。中标后的承包人应保证其履约担保在发包人颁发工程接收证书前一直有效。发包人应在工程接收证书须发后28天内把履约担保退还给承包人。

3. 签订合同

招标人和中标人应当自中标通知书发出之日起30天内，根据招标文件和中标人的投标文件订立书面合同。中标人无正当理由拒签合同的，招标人取消其中标资格，其投标保证金不予退还。

给招标人造成的损失超过投标保证金数额的，中标人还应当对超过部分予以赔偿。发出中标通知书后，招标人无正当理由拒签合同的，招标人向中标人退还投标保证金；给中标人造成损失的，应当赔偿损失。招标人与中标人签订合同后5个工作日内，应当向中标人和未中标的投标人退还投标保证金。

中标人应当按照合同约定履行义务，完成中标项目。中标人不得向他人转让中标项目，也不得将中标项目肢解后分别向他人转让。中标人按照合同约定或者经招标人同意，可以将中标项目的部分非主体、非关键性工作分包给他人完成。接受分包的人应当具备相应的资格条件，并不得再次分包。

中标人应当就分包项目向招标人负责，接受分包的人就分包项目承担连带责任。

小　　结

本章介绍了开标的程序，评标委员会的组成及其要求，评标的方法及其适用的项目，同时列举了案例。介绍了评标结果，发出中标通知书，签订合同要注意的事项。

案　例　分　析

案 例 分 析 4.1

工程项目，建设单位通过招标选择了一家具有相应资质的监理单位承担施工招标代理和施工阶段监理工作，并与该监理单位签订了委托合同。在施工公开招标中，有 A、B、C、D、E、F、G、H 等施工单位报名投标，经监理单位资格预审均符合要求，但建设单位以 A 施工单位是外地企业为由不同意其参加投标，而监理单位坚持认为 A 施工单位有资格参加投标。

评标委员会由 5 人组成，其中当地建设行政管理部门的招投标管理办公室主任 1 人、建设单位代表 1 人、政府提供的专家库中抽取的技术经济专家 3 人。评标时发现，B 施工单位投标报价明显低于其他投标单位报价且未能合理说明理由；D 施工单位投标报价大写金额小于小写金额；F 施工单位投标文件提供的检验标准和方法不符合招标文件的要求；H 施工单位投标文件中某分项工程的报价有个别漏项；其他施工单位的投标文件均符合招标文件要求。

建设单位最终确定 C 施工单位中标，并按照《建设工程施工合同（示范文本）》与该施工单位签订了施工合同。

问题：

1. 在施工招标资格预审中，监理单位认为 A 施工单位有资格参加投标是否正确？说明理由。

2. 指出施工招标评标委员会组成的不妥之处，说明理由，并写出正确做法。

3. 判别 B、D、F、H 四家施工单位的投标是否为有效标？说明理由。

案例分析要点：

问题 1：监理单位认为 A 施工单位有资格参加投标是正确的。《招标投标法》第六条规定：依法必须进行招标的项目，其招标投标活动不受地区或者部门的限制。任何单位和个人不得违法限制或者排斥本地区、本系统以外的法人或者其他组织参加投标，不得以任何方式非法干涉招标投标活动。

问题 2：评标委员会组成不妥，不应包括当地建设行政管理部门的招投标管理办公室主任。正确组成应为：评标委员会由招标人或其委托的指标代理机构熟悉相关业务的代表以及有关技术、经济等方面的专家组成，成员人数为 5 人以上单数，其中：技术、经济等方面的专家不得少于成员总数的 2/3。

问题 3：B、F 两家施工单位的投标不是有效标。B 单位的情况可以认定为低于成本，F 单位的情况可以认定为是明显不符合技术规格和技术标准的要求，属重大偏差。D、H 两家单位的投标是有效标，其情况不属于重大偏差。

根据《评标委员会和评标方法暂行规定》第二十五条：投标文件提供的检验标准和方法不符合招标文件的要求，属于重大偏差，为未能对招标文件作出实质性响应，按废标处理。所以F单位的投标无效。第二十一条：在评标过程中，评标委员会发现投标人的报价明显低于其他投标报价或者在设有标底时明显低于标底，使得其投标报价可能低于其个别成本的，应当要求该投标人作出书面说明并提供相关证明材料。投标人不能合理说明或者不能提供相关证明材料的，由评标委员会认定该投标人以低于成本报价竞标，其投标应作废标处理。从这一条看，B单位的投标无效。第十九条：评标委员会可以书面方式要求投标人对投标文件中有明显文字和计算错误的内容作必要的澄清、说明或者补正。澄清、说明或者补正应以书面方式进行并不得超出投标文件的范围或者改变投标文件的实质性内容。投标文件中的大写金额和小写金额不一致的，以大写金额为准。从这一点来看，D单位的投标有效。第二十六条：细微偏差是指投标文件在实质上响应招标文件要求，但在个别地方存在漏项或者提供了不完整的技术信息和数据等情况，并且补正这些漏项或者不完整不会对其他投标人造成不公平的结果。

细微偏差不影响投标文件的有效性。显然，H单位的标书属于这种情况，因此H单位的标书有效。

案例分析 4.2

某大型工程，由于技术难度大，对施工单位的施工设备和同类工程施工经验要求高，而且对工期的要求也比较紧迫。招标人在对有关单位及其在建工程考察的基础上，仅邀请了三家国有特级施工企业参加投标，并预先与咨询单位和该三家施工单位共同研究确定了施工方案。招标人要求投标人将技术标和商务标分别装订报送。招标文件中规定采用综合评估法进行评标，具体的评标标准如下：

技术标共30分，其中施工方案10分（因已确定施工方案，各投标人均得10分）、施工总工期10分、工程质量10分。满足招标人总工期要求（36个月）者得4分，每提前1个月加1分，不满足者为废标；招标人希望该工程今后能被评为省优工程，报工程质量合格者得4分，承诺将该工程建成省优工程者得6分（若该工程未被评为省优工程将扣罚合同价的2%，该款项在竣工结算时暂不支付给施工单位），近三年内获建筑工程鲁班奖每项加2分，获省优工程奖每项加1分。

商务标共70分，招标控制价为36500万元，评标时有效报价的算术平均数为评标基准价。报价为评标基准价的98%者得满分（70分），在此基础上，报价比评标基准价每下降1%，扣1分，每上升1%，扣2分（计分按四舍五入取整）。

各投标人的有关情况列于表4.3。

表4.3　　投标参数汇总表

投标人	报价/万元	总工期/月	自报工程质量	建筑工程鲁班奖	省优工程奖
A	35642	33	省优	1	1
B	34364	31	省优	0	2
C	33867	32	合格	0	1
D	36578	34	合格	1	2

问题：

1. 该工程采用邀请招标方式且仅邀请 4 家投标人投标，是否违反有关规定？为什么？

2. 请按综合得分最高者中标的原则确定中标人。

3. 若改变该工程评标的有关规定，将技术标增加到 40 分，其中施工方案 20 分（各投标人均得 20 分），商务标减少为 60 分，是否会影响评标结果？为什么？若影响，应由哪家投标人中标？

案例分析要点：

本案例考核招标方式和评标方法的运用。要求熟悉邀请招标的运用条件及有关规定，能根据给定的评标办法正确选择中标人。本案例所规定的评标办法排除了主观因素，而各投标人的技术标和商务标的得分均为客观得分。但是，这种“客观得分”是在规定的评标方法的前提下得出的，实际上不是绝对客观的，因此，当各投标人的得分比较接近时，需要慎重决策。

问题 3 实际上是考核对评标方法的理解和灵活运用。根据本案例给定的评标方法，这样改变评标的规定并不影响各投标人的得分，因而不会影响评标结果。若通过具体计算才得出结论，即使答案正确，也是不能令人满意的。

问题 1：不违反（或符合）有关规定。因为根据有关规定，对于技术复杂的工程允许采用邀请招标方式，邀请的投标人不得少于 3 家。

问题 2：计算各投标人的技术标得分，见表 4.4。

投标人 D 的报价 36578 万元超过招标控制价 36500 万元，根据招标文件规定按废标处理，不再进行评审。

表 4.4　　　**技术标得分计算表**

投标人	施工方案	总工期	工程质量	合计
A	10	4＋(36－33)×1＝7	6＋2＋1＝9	26
B	10	4＋(36－31)×1＝9	6＋1×2＝8	27
C	10	4＋(36－32)×1＝8	4＋1＝5	23

计算各投标人的商务标得分，见表 4.5。

评标基准价＝（35642＋34364＋33867）÷3＝34624（万元）

表 4.5　　　**商务标得分计算表**

投标人	报价/万元	报价与评标基准价的比例/%	扣分	得分
A	35642	35642/34624＝102.9	(102.9－98)×2≈10	70－10＝60
B	34364	34364/34624＝99.2	(99.2－98)×1≈1	70－1＝69
C	33867	33867/34624＝97.8	(98－97.8)×1≈0	70－0＝70

计算各投标人的综合得分，见表 4.6。

表 4.6　　　**各投标人综合得分计算表**

投标人	技术标得分	商务标得分	综合得分
A	26	60	86
B	27	69	96
C	23	70	93

因为投标人 B 的综合得分最高，故应选择其作为中标人。

问题 3：这样改变评标办法不会影响评标结果，因为各投标人的技术标得分均增加 10 分（20－10），而商务标得分均减少 10 分（70－60），综合得分不变。

练习思考题

1. 单选题

（1）招标投标法规定开标的时间应当是（　　）。

A. 提交投标文件截止时间的同一时间　　B. 提交投标文件截止时间的 24 小时内

C. 提交投标文件截止时间的 30 天内　　D. 提交投标文件截止时间后的任何时间

（2）投标人少于（　　）个的，不得开标；招标人应当重新招标。

A. 2　　B. 3　　C. 4　　D. 5

（3）评标委员会由 5 人以上单数组成，成员中技术、经济等方面的专家不得少于成员总数的（　　）。

A. 三分之一　　B. 一半　　C. 三分之二　　D. 五分之二

（4）通过采用核对、比较、筛选等方法，对投标文件进行的基础性的数据分析和整理工作称为（　　）。

A. 清标　　B. 评标　　C. 定标　　D. 议标

（5）招标投标法规定，中标通知书发出（　　）内，中标单位应与建设单位签订施工合同。

A. 10 天　　B. 15 天　　C. 20 天　　D. 30 天

（6）履约担保金额一般为中标价的（　　）。

A. 10%　　B. 15%　　C. 20%　　D. 30%

（7）下列关于经评审的最低报价法的说法中，正确的是（　　）。

A. 以投标人的平均报价作为评标价　　B. 以中标人的评标价作为中标价

C. 以报价最低的投标价为中标价　　D. 以中标人的报价为中标价

（8）某工程项目招标采用经评审的最低报价法评标，中标人的投标报价为 5000 万元，投标工期比招标文件要求的工期提前获得评标优惠 150 万元。若评标时不考虑其他因素，则评标价和合同价应分别为（　　）。

A. 4850 万元和 5000 万元　　B. 4850 万元和 4850 万元

C. 5150 万元和 5000 万元　　D. 5150 万元和 4850 万元

（9）投标文件中的大写金额与小写金额不一致，如何处理（　）。

A. 不作处理　　B. 以大写金额为准

C. 以小写金额为准　　D. 要求进行澄清

（10）下列投标文件对招标文件响应的偏差中属于细微偏差的是（　　）。

A. 联合体投标没有联合体协议书

B. 投标工期长于招标文件要求的工期

C. 投标报价的大写金额与小写金额不一致

D. 投标文件没有投标人授权代表的签字

2. 多选题

(1) 下列关于评标委员会的叙述符合《招标投标法》有关规定的有（　　）。

A. 评标由招标人依法组建的评标委员会负责

B. 评标委员会由招标人的代表和有关技术、经济等方面的专家组成，成员人数为五人以上单数

C. 评标委员会由招标人的代表和有关技术、经济等方面的专家组成，其中技术、经济等方面的专家不得少于成员总数的二分之一

D. 与投标人有利害关系的人不得进入相关项目的评标委员会

E. 评标委员会成员的名单在中标结果确定前应当保密

(2) 下列关于评标的规定，符合《招标投标法》有关规定的有（　　）。

A. 招标人应当采取必要的措施，保证评标在严格保密的情况下进行

B. 评标委员会完成评标后，应当向招标人提出书面评标报告，并决定合格的中标候选人

C. 招标人可以授权评标委员会直接确定中标人

D. 评标委员会经评审，认为所有投标都不符合招标文件要求的，可以否决所有投标

E. 任何单位和个人不得非法干预、影响评标的过程和结果。评标委员会经招标人授权可以直接确定中标人，若无此授权，评标委员会完成评标后，应当向招标人提出书面评标报告，并推荐合格的中标候选人，由招标人根据评标委员会提出的书面评标报告和推荐的中标候选人确定中标人

(3) 投标文件有（　　）情形之一的，由评标委员会初审后按废标处理。

A. 大写金额与小写金额不一致

B. 投标工期长于招标文件中要求工期的标书

C. 关键内容字迹模糊、无法辨认的标书

D. 未按招标文件要求提交投标保证金的

E. 总价金额与单价金额不一致

(4) 下列有关经评审的最低报价法正确的有（　　）。

A. 一般适用于具有通用技术、性能标准的招标项目

B. 一般适用于招标人对其技术、性能没有特殊要求的招标项目

C. 技术标只评“可行”或者“不可行”

D. 一般适用于招标人对其技术、性能具有比较特殊要求的项目

E. 技术标进行打分

(5) 某需要招标的施工项目，采用综合评估法评标，经评审，甲、乙两投标人的综合排名为第一、第二，评标报告中确定了甲乙为中标候选人，下列关于优先顺序确定中标人的说法中，正确的是（　　）。

A. 招标人应确定甲为中标人

B. 招标人可以在甲、乙两单位中任选一个中标人

C. 如果甲拒签合同，招标人可确定乙为中标人

D. 如果甲拒签合同，招标人应重新招标

E. 如果甲、乙都拒签合同，招标人可以选择其他投标人为中标人

3. 思考题

（1）开标程序如何？什么样的投标文件为废标？

（2）评标委员如何组成？有什么要求？

（3）常用的评标方法有哪些？适用的项目是什么？

（4）评标报告包含哪些内容？

（5）经评审的最低报价法，有什么优缺点？如果工期、预付款额度、进度款、综合单价遗漏、保修期等项目完全固定，不允许偏离，则实际评标价是什么？

第5章 建设工程合同概述

教学目标 了解合同的概念和特点；掌握合同的订立、履行、变更、违约责任；掌握建设工程合同的概念、种类。

5.1 合同的基本概念

《合同法》中的合同是指平等主体的自然人、法人、其他组织之间设立、变更、终止民事权利义务关系的协议。

《合同法》中的合同分为15类，即：买卖合同，供用电、水、气、热力合同，赠与合同，借款合同，租赁合同，融资租赁合同，承揽合同，建设工程合同，运输合同，技术合同，保管合同，仓储合同，委托合同，行纪合同，居间合同。

合同法律关系是指由合同法律规范所调整的在民事流转过程中所产生的权利义务关系。合同法律关系包括合同法律关系主体、合同法律关系客体、合同法律关系内容三个要素。这三个要素缺一不可，任何一项内容发生变更，都可能引起合同法律关系的变更。

5.1.1 合同法律关系主体

合同法律关系主体是参加合同法律关系，享有相应权利、承担相应义务的当事人。合同法律关系的主体可以是自然人、法人和其他组织。

（1）自然人。是指基于出生而成为民事法律关系主体的有生命的人。自然人既包括公民，也包括外国人和无国籍人，他们都可以作为合同法律关系的主体。

（2）法人。是具有民事权利能力和民事行为能力，依法独立享有民事权利和承担民事义务的组织。法人是与自然人相对应的概念，是法律赋予社会组织具有人格的一项制度。这一制度为确立社会组织的权利、义务，便于社会组织独立承担责任提供了基础。

法人应当具备以下条件：

1）依法成立。法人不能自然产生，其产生必须经过法定的程序，必须经过政府主管机关的批准或者核准登记。

2）有必要的财产或者经费。

3）有自己的名称、组织机构和场所。

4）能够独立承担民事责任。

法人可以分为企业法人和非企业法人两大类，非企业法人包括行政法人、事业法人和社团法人。企业法人依法经工商行政管理机关核准登记后取得法人资格。具有法人条件的事业单位、社会团体，依法不需要办理法人登记的，从成立之日起即具有法人资格；依法需要办理法人登记的，经核准登记，取得法人资格。

（3）其他组织。法人以外的其他组织也可以成为合同法律关系主体，主要包括：法人的分支机构，不具备法人资格的联营体、合伙企业、个人独资企业等。这些组织应当是合法成立、有一定的组织机构和财产，但又不具备法人资格的组织。其他组织与法人相比，其复杂性在于民事责任的承担较为复杂。

5.1.2 合同法律关系客体

合同法律关系客体是指参加合同法律关系的主体享有的权利和承担的义务所共同指向的对象。合同法律关系的客体主要包括物、行为和智力成果。

（1）物。是指可为人们控制、并具有经济价值的生产资料和消费资料，可以分为动产和不动产、流通物与限制流通物、特定物与种类物等。如建筑材料、建筑设备、建筑物等。

（2）行为。是指人的有意识的活动。在合同法律关系中，行为多表现为完成一定的工作，如勘察设计、施工安装等。

（3）智力成果。是通过人的智力活动所创造出的精神成果。包括知识产权、技术秘密及在特定情况下的公知技术，如专利权、工程设计等。

5.1.3 合同法律关系的内容

合同法律关系的内容是指合同约定和法律规定的权利和义务。合同法律关系的内容是合同的具体要求，决定了合同法律关系的性质，是连接主体的纽带。

（1）权利。指合同法律关系主体在法定范围内，按照合同的约定有权按照自己的意志作出某种行为。权利主体也可要求义务主体作出一定的行为或不作出一定的行为，以实现自己的有关权利。当权利受到侵害时，有权得到法律保护。

（2）义务。指合同法律关系主体必须按法律规定或约定承担应负的责任。义务和权利是相互对应的，相应主体应自觉履行相对应的义务。否则，义务人应承担相应的法律责任。

5.2 合同的订立

当事人订立合同，应当具有相应的民事权利能力和民事行为能力。当事人依法可以委托代理人订立合同。

5.2.1 合同订立的原则

合同的订立，应当遵循平等原则、自愿原则、公平原则、诚信原则、合法原则等。

1. 平等原则

《合同法》第三条规定：“合同当事人的法律地位平等，一方不得将自己的意志强了给另一方。”在合同法律关系中，不论所有制性质、单位大小、经济实力强弱，当事人之间在合同的订立、履行和承担违约责任等方面都处于平等的法律地位，彼此的权利和义务对等。

2. 自愿原则

《合同法》第四条规定：“当事人依法享有自愿订立合同的权利，任何单位和个人不得非法干预。”

自愿原则体现了民事活动的基本特征。自愿原则贯穿于合同活动的全过程，包括订不订立合同自愿，与谁订立合同自愿，合同内容由当事人在不违法的情况下自愿约定，在合同履行过程中当事人可以协议补充、协议变更有关内容，双方也可以协议解除合同，可以约定违约责任，以及自愿选择解决争议的方式。总之，只要不违背法律、行政法规强制性的规定，合同当事人有权自愿决定。

我国合同法确认合同自愿原则的主要表现在于：尽量限制合同法的强制性规范，在一般情况下，有约定时则依约定，无约定时依法律规定。因此当事人的约定要优先于法律规定。合同法条文中有许多“当事人另有约定的除外”，表明对当事人合意的充分尊重。

3. 公平原则

《合同法》第五条规定：“当事人应当遵循公平原则确定各方的权利和义务。”

公平原则是指本着社会公认的公平观念，确定当事人之间的权利和义务。主要体现为：根据公平原则确定风险的合理分配；根据公平原则确定违约责任。当事人发生纠纷时，法院应当按照公平原则对当事人确定的权利义务进行价值判断，以决定其法律效力；当事人变更、解除合同或者履行合同，应体现公平精神，不能有不公平行为。公平原则作为合同当事人的行为准则，可以防止当事人滥用权利，保护当事人的合法权益，维护和平衡当事人之间的利益。

4. 诚信原则

《合同法》第六条规定：“当事人行使权利，履行义务应当遵循诚实信用原则。”

诚信原则是指当事人应诚实守信，以善意的方式履行其义务，不得滥用权力及规避法律或合同规定的义务。合同订立阶段应遵守诚信原则，尽管此时合同尚未成立，但当事人彼此间已经具有订约的联系，应依据诚实信用原则，负有忠实、诚实、保密、相互照顾和协力的义务。任何一方都不得采用恶意谈判、欺诈等手段牟取不正当利益。

5. 合法原则

《合同法》规定，当事人订立、履行合同，应当遵守法律、行政法规，尊重社会公德，不得扰乱社会经济秩序，损害社会公共利益。

一般来讲，合同的订立和履行，属于合同当事人之间的民事权利义务关系，只要当事人的意思不与法律规范、社会公共利益和社会公德相抵触，即承认合同的法律效力。但是，合同绝不仅仅是当事人之间的问题，有时可能会涉及社会公共利益、社会公德和经济秩序。

《合同法》第七条规定：“当事人订立、履行合同，应当遵守法律、行政法规，尊重社会公德，不得扰乱社会经济秩序，损害社会公共利益。”

为此，对于损害社会公共利益、扰乱社会经济秩序的行为，国家应当予以干预。但是，这种干预要依法进行，由法律、行政法规作出规定。

5.2.2 合同形式

当事人订立合同，有书面形式、口头形式和其他形式。法律法规规定采用书面形式的，或当事人约定采用书面形式的，应当采用书面形式。

（1）书面形式。是指合同书、信件和数据电文（包括电报、电传、传真、电子数据交换和电子邮件）等可以有形地表现所载内容的形式。书面合同的优点在于有据可查、权利义务记载清楚、便于履行，发生纠纷时容易举证和分清责任。书面合同是实践中广泛采用的一种合同形式。建设工程合同应当采用书面形式。

1）合同书。合同书是书面合同的一种，也是合同中常见的一种。合同书有标准合同书与非标准合同书之分。标准合同书是指合同条款由当事人一方预先拟定，对方只能表示同意或者不同意的合同书，也即格式条款合同；非标准合同书是指合同条款完全由当事人双方协商一致所签订的合同书。

2）信件。信件是当事人就要约与承诺的内容相互往来的普通信函。信件的内容一般记载于纸张上，因而也是书面形式的一种。它与通过电脑及其网络手段而产生的信件不同，后者被称为电子邮件。

3）数据电文。数据电文包括传真、电子数据交换和电子邮件等。其中，传真是通过电子方式来传递信息的，其最终传递结果总是产生一份书面材料。而电子数据交换和电子邮件虽然也是通过电子方式传递信息，可以产生以纸张为载体的书面资料，但也可以被储存在磁带、磁盘或接收者选择的其他非纸张的中介物上。

（2）口头形式。口头形式是指当事人用谈话的方式订立的合同，如当面交谈、电话联系等。口头合同形式一般运用于标的数额较小和即时结清的合同。例如，到商店、集贸市场购买商品，基本上都是采用口头合同形式。以口头形式订立合同，其优点是建立合同关系简便、迅速，缔约成本低，但在发生争议时，难以取证、举证，不易分清当事人的责任。

（3）其他形式。其他形式是指除书面形式、口头形式以外的方式来表现合同内容的形式。主要包括默示形式和推定形式。默示形式是指当事人既不用口头形式、书面形式，也不用实施任何行为，而是以消极的不作为的方式进行的意思表示。默示形式只有在法律有特别规定的情况下才能运用。推定形式是指当事人不用语言、文字，而是通过某种有目的的行为表达自己意思的一种形式，从当事人的积极行为中，可以推定当事人已进行意思表示。

5.2.3 合同内容

合同内容由当事人约定，一般包括：①当事人的名称或姓名和住所；②标的；③数量；④质量；⑤价款或者报酬；⑥履行的期限、地点和方式；⑦违约责任；⑧解决争议的方法。

《合同法》在第十六章建设工程合同中对工程勘察、设计合同、施工合同内容中的主要条款做了专门规定。

（1）勘察、设计合同内容。包括提交基础资料和文件（包括概预算）的期限、质量要求、费用以及其他协作条件等条款。

（2）施工合同内容。包括工程范围、建设工期、中间交工工程的开工和竣工时间、工程质量、工程造价、技术资料交付时间、材料和设备供应责任、拨款和结算、竣工验收、质量保修范围和质量保证期、双方相互协作等条款。

5.2.4　合同订立程序

当事人订立合同，需要经过要约和承诺两个阶段。

1. 要约

要约是希望与他人订立合同的意思表示。

（1）要约的有效条件。要约应当符合如下规定：

1）内容具体确定。

2）表明经受要约人承诺，要约人即受该意思表示约束。也就是说，要约必须是特定人的意思表示，必须是以缔结合同为目的，必须具备合同的主要条款。

有些合同在要约之前还会有要约邀请。所谓要约邀请，是希望他人向自己发出要约的意思表示。寄送的价目表、拍卖公告、招标公告、招股说明书、商业广告等为要约邀请。商业广告的内容符合要约规定的，视为要约。要约邀请并不是合同成立过程中的必经过程，它是当事人订立合同的预备行为，这种意思表示的内容往往不确定，不含有合同得以成立的主要内容和相对人同意后受其约束的表示，在法律上无须承担责任。

（2）要约生效。要约到达受要约人时生效。如采用数据电文形式订立合同，收件人指定特定系统接收数据电文的，该数据电文进入该特定系统的时间，视为到达时间；未指定特定系统的，该数据电文进入收件人的任何系统的首次时间，视为到达时间。

（3）要约撤回和撤销。要约可以撤回，撤回要约的通知应当在要约到达受要约人之前或者与要约同时到达受要约人。

要约可以撤销，撤销要约的通知应当在受要约人发出承诺通知之前到达受要约人。但有下列情形之一的，要约不得撤销：

1）要约人确定了承诺期限或者以其他形式明示要约不可撤销。

2）受要约人有理由认为要约是不可撤销的，并已经为履行合同做了准备工作。

（4）要约失效。有下列情形之一的，要约失效：

1）拒绝要约的通知到达要约人。

2）要约人依法撤销要约。

3）承诺期限届满，受要约人未作出承诺。

4）受要约人对要约的内容作出实质性变更。

2. 承诺

承诺是受要约人同意要约的意思表示。承诺应当以通知的方式作出，但根据交易习惯或者要约表明可以通过行为作出承诺的除外。

（1）承诺期限。承诺应当在要约确定的期限内到达要约人。要约没有确定承诺期限的，承诺应当依照下列规定到达：

1）除非当事人另有约定，以对话方式作出的要约，应当即时作出承诺。

2）以非对话方式作出的要约，承诺应当在合理期限内到达。

以信件或者电报作出的要约，承诺期限自信件载明的日期或者电报交发之日开始计算。信件未载明日期的，自投寄该信件的邮戳日期开始计算。要约以电话、传真等快速通信方式作出的，承诺期限自要约到达受要约人时开始计算。

（2）承诺生效。承诺通知到达要约人时生效。承诺不需要通知的，根据交易习惯或者要约的要求作出承诺的行为时生效。采用数据电文形式订立合同的，承诺到达的时间适用于要约到达受要约人时间的规定。

受要约人在承诺期限内发出承诺，按照通常情形能够及时到达要约人，但因其他原因承诺到达要约人时超过承诺期限的，除要约人及时通知受要约人因承诺超过期限不接受该承诺的以外，该承诺有效。

（3）承诺撤回。承诺可以撤回，撤回承诺的通知应当在承诺通知到达要约人之前或者与承诺通知同时到达要约人。

（4）逾期承诺。受要约人超过承诺期限发出承诺的，除要约人及时通知受要约人该承诺有效的以外，为新要约。

（5）承诺的变更。承诺的内容应当与要约的内容一致。受要约人对要约的内容作出实质性变更的，为新要约。有关合同标的、数量、质量、价款或者报酬、履行期限、履行地点和方式、违约责任和解决争议方法等的变更，是对要约内容的实质性变更。

承诺对要约的内容作出非实质性变更的，除要约人及时表示反对或者要约表明承诺不得对要约的内容作出任何变更的以外，该承诺有效，合同的内容以承诺的内容为准。

5.2.5 合同成立

承诺生效时合同成立。

1. 合同成立的时间

当事人采用合同书形式订立合同的，自双方当事人签字或者盖章时合同成立。当事人采用信件、数据电文等形式订立合同的，可以在合同成立之前要求签订确认书。签订确认书时合同成立。

2. 合同成立的地点

承诺生效的地点为合同成立的地点。采用数据电文形式订立合同的，收件人的主营业地为合同成立的地点；没有主营业地的，其经常居住地为合同成立的地点。当事人另有约定的，按照其约定。当事人采用合同书形式订立合同的，双方当事人签字或者盖章的地点为合同成立的地点。

3. 合同成立的其他情形

合同成立的情形还包括：

（1）法律、行政法规规定或者当事人约定采用书面形式订立合同，当事人未采用书面形式但一方已经履行主要义务，对方接受的。

（2）采用合同书形式订立合同，在签字或者盖章之前，当事人一方已经履行主要义务，对方接受的。

5.2.6 格式条款

格式条款是当事人为了重复使用而预先拟定，并在订立合同时未与对方协商的条款。

1. 格式条款提供者的义务

采用格式条款订立合同，有利于提高当事人双方合同订立过程的效率、减少交易成本、避免合同订立过程中因当事人双方一事一议而可能造成的合同内容的不确定性。但由于格式条款的提供者往往在经济地位方面具有明显的优势，在行业中居于垄断地位，因而导致其在拟定格式条款时，会更多地考虑自己的利益，而较少考虑另一方当事人的权利或者附加种种限制条件。为此，提供格式条款的一方应当遵循公平的原则确定当事人之间的权利义务关系，并采取合理的方式提请对方注意免除或限制其责任的条款，按照对方的要求，对该条款予以说明。

2. 格式条款无效

提供格式条款一方免除自己责任、加重对方责任、排除对方主要权利的，该条款无效。此外，《合同法》规定的合同无效的情形，同样适用于格式合同条款。

3. 格式条款的解释

对格式条款的理解发生争议的，应当按照通常理解予以解释。对格式条款有两种以上解释的，应当作出不利于提供格式条款一方的解释。格式条款和非格式条款不一致的，应当采用非格式条款。

5.2.7 缔约过失责任

缔约过失责任发生于合同不成立或者合同无效的缔约过程。其构成条件：一是当事人有过错，若无过错，则不承担责任。二是有损害后果的发生，若无损失，亦不承担责任。三是当事人的过错行为与造成的损失有因果关系。

当事人在订立合同过程中有下列情形之一，给对方造成损失的，应当承担损害赔偿责任：

（1）假借订立合同，恶意进行磋商。

（2）故意隐瞒与订立合同有关的重要事实或者提供虚假情况。

（3）有其他违背诚实信用原则的行为。

当事人在订立合同过程中知悉的商业秘密，无论合同是否成立，不得泄露或者不正当地使用。泄露或者不正当地使用该商业秘密给对方造成损失的，应当承担损害赔偿责任。

5.3 合同的效力

5.3.1 合同生效

合同生效与合同成立是两个不同的概念。合同的成立，是指双方当事人依照有关法律对合同的内容进行协商并达成一致的意见。合同成立的判断依据是承诺是否生效。合同生效，是指合同产生法律上的效力，具有法律约束力。在通常情况下，合同依法成立之时，就是合同生效之日，二者在时间上是同步的。但有些合同在成立后，并非立即产生法律效力，而是需要其他条件成就之后，才开始生效。

（1）合同生效的时间。依法成立的合同，自成立时生效。依照法律、行政法规规定应当办理批准、登记等手续的，待手续完成时合同生效。

（2）附条件和附期限的合同。

1）附条件的合同。当事人对合同的效力可以约定附条件。附生效条件的合同，自条件成就时生效。附解除条件的合同，自条件成就时失效。当事人为自己的利益不正当地阻止条件成就的，视为条件已成就；不正当地促成条件成就的，视为条件不成就。

2）附期限的合同。当事人对合同的效力可以约定附期限。附生效期限的合同，自期限届至时生效。附终止期限的合同，自期限届满时失效。

5.3.2 效力待定合同

效力待定合同是指合同已经成立，但合同效力能否产生尚不能确定的合同。效力待定合同主要是由于当事人缺乏缔约能力、财产处分能力或代理人的代理资格和代理权限存在缺陷所造成的。效力待定合同包括：限制民事行为能力人订立的合同和无权代理人代订的合同。

1. 限制民事行为能力人订立的合同

根据我国《民法总则》，限制民事行为能力人是指 8 周岁以上不满 18 周岁的未成年人，以及不能完全辨认自己行为的成年人。限制民事行为能力人订立的合同，经法定代理人追认后，该合同有效，但纯获利益的合同或者与其年龄、智力、精神健康状况相适应而订立的合同，不必经法定代理人追认。

由此可见，限制民事行为能力人订立的合同并非一律无效，在以下几种情形下订立的合同是有效的：

（1）经过其法定代理人追认的合同，即为有效合同。

（2）纯获利益的合同，即限制民事行为能力人订立的接受奖励、赠与、报酬等只需获得利益而不需其承担任何义务的合同，不必经其法定代理人追认，即为有效合同。

（3）与限制民事行为能力人的年龄、智力、精神健康状况相适应而订立的合同，不必经其法定代理人追认，即为有效合同。

与限制民事行为能力人订立合同的相对人可以催告法定代理人在 1 个月内予以追认。法定代理人未作表示的，视为拒绝追认。合同被追认之前，善意相对人有撤销的权利。撤销应当以通知的方式作出。

2. 无权代理人代订的合同

无权代理人代订的合同主要包括行为人没有代理权、超越代理权或者代理权终止后以被代理人的名义订立的合同。

（1）无权代理人代订的合同对被代理人不发生效力的情形。行为人没有代理权、超越代理权或者代理权终止后以被代理人名义订立的合同，未经被代理人追认，对被代理人不发生效力，由行为人承担责任。

与无权代理人签订合同的相对人可以催告被代理人在 1 个月内予以追认。被代理人未作表示的，视为拒绝追认。合同被追认之前，善意相对人有撤销的权利。撤销应当以通知的方式作出。

无权代理人代订的合同是否对被代理人发生法律效力，取决于被代理人的态度。与无权代理人签订合同的相对人催告被代理人在 1 个月内予以追认时，被代理人未作表示或表示拒绝的，视为拒绝追认，该合同不生效。被代理人表示予以追认的，该合同对被代理人发生法律效力。在催告开始至被代理人追认之前，该合同对于被代理人的法律效力处于待定状态。

(2) 无权代理人代订的合同对被代理人具有法律效力的情形。行为人没有代理权、超越代理权或者代理权终止后以被代理人名义订立合同，相对人有理由相信行为人有代理权的，该代理行为有效。这是《合同法》针对表见代理情形所作出的规定。所谓表见代理，是善意相对人通过被代理人的行为足以相信无权代理人具有代理权的情形。

在通过表见代理订立合同的过程中，如果相对人无过错，即相对人不知道或者不应当知道（无义务知道）无权代理人没有代理权时，使相对人相信无权代理人具有代理权的理由是否正当、充分，就成为是否构成表见代理的关键。如果确实存在充分、正当的理由并足以使相对人相信无权代理人具有代理权，则无权代理人的代理行为有效，即无权代理人通过其表见代理行为与相对人订立的合同具有法律效力。

(3) 法人或者其他组织的法定代表人、负责人超越权限订立的合同的效力。法人或者其他组织的法定代表人、负责人超越权限订立的合同，除相对人知道或者应当知道其超越权限的以外，该代表行为有效。这是因为法人或者其他组织的法定代表人、负责人的身份应当被视为法人或者其他组织的全权代理人，他们有资格代表法人或者其他组织为民事行为而不需要获得法人或者其他组织的专门授权，其代理行为的法律后果由法人或者其他组织承担。但是，如果相对人知道或者应当知道法人或者其他组织的法定代表人、负责人在代表法人或者其他组织与自己订立合同时超越其代表（代理）权限，仍然订立合同的，该合同将不具有法律效力。

(4) 无处分权的人处分他人财产合同的效力。在现实经济活动中，通过合同处分财产（如赠与、转让、抵押、留置等）是常见的财产处分方式。当事人对财产享有处分权是通过合同处分财产的必要条件。无处分权的人处分他人财产的合同一般为无效合同。但是，无处分权的人处分他人财产，经权利人追认或者无处分权的人订立合同后取得处分权的，该合同有效。

5.3.3 无效合同

无效合同是指其内容和形式违反了法律、行政法规的强制性规定，或者损害了国家利益、集体利益、第三人利益和社会公共利益，因而不为法律所承认和保护、不具有法律效力的合同。无效合同自始没有法律约束力。在现实经济活动中，无效合同通常有两种情形，即整个合同无效（无效合同）和合同的部分条款无效。

1. 无效合同的情形

有下列情形之一的，合同无效：

(1) 一方以欺诈、胁迫的手段订立合同，损害国家利益。

(2) 恶意串通，损害国家、集体或第三人利益。

(3) 以合法形式掩盖非法目的。

(4) 损害社会公共利益。

(5) 违反法律、行政法规的强制性规定。

2. 合同部分条款无效的情形

合同中的下列免责条款无效：

(1) 造成对方人身伤害的。

(2) 因故意或者重大过失造成对方财产损失的。

免责条款是当事人在合同中规定的某些情况下免除或者限制当事人所负未来合同责任的条款。在一般情况下，合同中的免责条款都是有效的。但是，如果免责条款所产生的后果具有社会危害性和侵权性，侵害了对方当事人的人身权利和财产权利，则该免责条款将不具有法律效力。

5.3.4 可变更或者可撤销合同

可变更、可撤销合同是指欠缺一定的合同生效条件，但当事人一方可依照自己的意思使合同的内容得以变更或者使合同的效力归于消灭的合同。可变更、可撤销合同的效力取决于当事人的意思，属于相对无效的合同。当事人根据其意思，若主张合同有效，则合同有效；若主张合同无效，则合同无效；若主张合同变更，则合同可以变更。

1. 合同可以变更或者撤销的情形

当事人一方有权请求人民法院或者仲裁机构变更或者撤销的合同有：

(1) 因重大误解订立的。

(2) 在订立合同时显失公平的。

一方以欺诈、胁迫的手段或者乘人之危，使对方在违背真实意思的情况下订立的合同，受损害方有权请求人民法院或者仲裁机构变更或者撤销。

当事人请求变更的，人民法院或者仲裁机构不得撤销。

2. 撤销权消灭

撤销权是指受损害的一方当事人对可撤销的合同依法享有的、可请求人民法院或仲裁机构撤销该合同的权利。享有撤销权的一方当事人称为撤销权人。撤销权应由撤销权人行使，并应向人民法院或者仲裁机构主张该项权利。而撤销权消灭是指撤销权人依照法律享有的撤销权由于一定法律事由的出现而归于消灭的情形。

有下列情形之一的，撤销权消灭：

(1) 具有撤销权的当事人自知道或者应当知道撤销事由之日起 1 年内没有行使撤销权的。

(2) 具有撤销权的当事人知道撤销事由后明确表示或者以自己的行为放弃撤销权的。

由此可见，当具有法律规定的可以撤销合同的情形时，当事人应当在规定的期限内行使其撤销权，否则，超过法律规定的期限时，撤销权归于消灭。此外，若当事人放弃撤销权，则撤销权也归于消灭。

3. 无效合同或者被撤销合同的法律后果

无效合同或者被撤销的合同自始没有法律约束力。合同部分无效，不影响其他部分效力的，其他部分仍然有效。合同无效、被撤销或者终止的，不影响合同中独立存在的有关解决争议方法的条款的效力。

合同无效或被撤销后，履行中的合同应当终止履行；尚未履行的，不得履行。对当事人依据无效合同或者被撤销的合同而取得的财产应当依法进行如下处理：

(1) 返还财产或折价补偿。当事人依据无效合同或者被撤销的合同所取得的财产，应当予以返还；不能返还或者没有必要返还的，应当折价补偿。

(2) 赔偿损失。合同被确认无效或者被撤销后，有过错的一方应赔偿对方因此所受到的损失。双方都有过错的，应当各自承担相应的责任。

(3) 收归国家所有或者返还集体、第三人。当事人恶意串通，损害国家、集体或者第三人利益的，因此取得的财产收归国家所有或者返还集体、第三人。

5.4 合同的履行

5.4.1 合同履行的原则

合同履行的原则主要包括全面适当履行原则和诚实信用原则。

(1) 全面适当履行。全面履行是指合同订立后，当事人应当按照合同约定，全面履行自己的义务，包括履行义务的主体、标的、数量、质量、价款或者报酬以及履行的期限、地点、方式等。适当履行是指当事人应按照合同规定的标的及其质量、数量，由适当的主体、在适当的时间、适当的地点，以适当的履行方式履行合同义务，以保证当事人的合法权益。

(2) 诚实信用。是指当事人讲诚实、守信用，遵守商业道德，以善意的心理履行合同。当事人不仅要保证自己全面履行合同约定的义务，并应顾及对方的经济利益，为对方履行创造条件，发现问题及时协商解决。以较小的履约成本，取得最佳的合同效益。还应根据合同的性质、目的和交易习惯履行通知、协助、保密等义务。

5.4.2 合同履行的一般规则

合同生效后，当事人就质量、价款或者报酬、履行地点等内容没有约定或者约定不明确的，可以协议补充；不能达成补充协议的，按照合同有关条款或者交易习惯确定。依照上述规定仍不能确定的，适用下列规定：

(1) 质量要求不明确的，按照国家标准、行业标准履行；没有国家标准、行业标准的，按照通常标准或者符合合同目的的特定标准履行。

(2) 价款或者报酬不明确的，按照订立合同时履行地的市场价格履行；依法应当执行政府定价或者政府指导价的，按照规定履行。

(3) 履行地点不明确，给付货币的，在接受货币一方所在地履行；交付不动产的，在不动产所在地履行；其他标的，在履行义务一方所在地履行。

(4) 履行期限不明确的，债务人可以随时履行，债权人也可以随时要求履行，但应当给对方必要的准备时间。

(5) 履行方式不明确的，按照有利于实现合同目的的方式履行。

(6) 履行费用的负担不明确的，由履行义务一方负担。

5.4.3　合同履行的特殊规则

(1) 价格调整。《合同法》规定，执行政府定价或政府指导价的，在合同约定的交付期限内政府价格调整时，按照交付时的价格计价。逾期交付标的物的，遇价格上涨时，按照原价格执行；价格下降时，按照新价格执行。逾期提取标的物或者逾期付款的，遇价格上涨时，按照新价格执行；价格下降时，按照原价格执行。

(2) 代为履行。是指由合同以外的第三人代替合同当事人履行合同。与合同转让不同，代为履行并未变更合同的权利义务主体，只是改变了履行主体。

《合同法》规定：①当事人约定由债务人向第三人履行债务的，债务人未向第三人履行债务或者履行债务不符合约定的，应当向债权人承担违约责任；②当事人约定由第三人向债权人履行债务，第三人不履行债务或者履行债务不符合约定的，债务人应当向债权人承担违约责任。

(3) 提前履行。合同通常应按照约定的期限履行，提前或迟延履行属违约行为，因此，债权人可以拒绝债务人提前履行债务，但提前履行不损害债权人利益的除外，因债务人提前履行债务给债权人增加的费用，由债务人负担。

(4) 部分履行。合同通常应全部履行，债权人可以拒绝债务人部分履行债务，履行不损害债权人利益的除外，此时，因债务人部分履行债务给债权人增加的费用由债务人负担。

5.5　合同的变更、转让和终止

5.5.1　合同变更

合同变更是指对已经依法成立的合同，在承认其法律效力的前提下，对其进行修改或补充。当事人协商一致，可以变更合同。当事人对合同变更的内容约定不明确，令人难以判断约定的新内容与原合同内容的本质区别，则推定为未变更。

5.5.2　合同转让

合同转让是当事人一方取得另一方同意后将合同的权利义务转让给第三方的法律行为。合同转让是合同变更的一种特殊形式，它不是变更合同中规定的权利义务内容，而是变更合同主体。

1. 债权转让

债权人可以将合同的权利全部或者部分转让给第三人。但下列三种债权不得转让：

(1) 根据合同性质不得转让的。

(2) 按照当事人约定不得转让的。

(3) 依照法律规定不得转让的。

若债权人转让权利，债权人应当通知债务人。未经通知，该转让对债务人不发生效力。除非经受让人同意，债权人转让权利的通知不得撤销。

债权让与后，该债权由原债权人转移给受让人，受让人取代让与人（原债权人）成为新债权人，依附于主债权的从债权也一并转移给受让人，例如抵押权、留置权等。为保护债务人利益，不致其因债权转让而蒙受损失，凡债务人对让与人的抗辩权（例如同时履行的抗辩权等），可以向受让人主张。

2. 债务转让

应当经债权人同意，债务人才能将合同的义务全部或者部分转移给第三人。债务人转移义务后，原债务人可享有的对债权人的抗辩权也随债务转移而由新债务人享有，新债务人可以主张原债务人对债权人的抗辩权。与主债务有关的从债务，例如附随于主债务的利息债务，也随债务转移而由新债务人承担。

3. 债权债务一并转让

当事人一方经对方同意，可以将自己在合同中的权利和义务一并转让给第三人。权利和义务一并转让的处理，适用上述有关债权人和债务人转让的有关规定。

当事人订立合同后合并的，由合并后的法人或其他组织行使合同权利，履行合同义务。当事人订立合同后分立的，除另有约定外，由分立的法人或其他组织对合同的权利和义务享有连带债权，承担连带债务。

5.5.3 合同终止

1. 合同终止的条件

合同终止是指合同当事人双方依法使相互间的权利义务关系终止，即合同关系消灭。

合同终止的情形包括：

(1) 债务已经按照约定履行。

(2) 合同解除。

(3) 债务相互抵销。

(4) 债务人依法将标的物提存。

(5) 债权人免除债务。

(6) 债权债务同归于一人。

(7) 法律规定或者当事人约定终止的其他情形。

债权人免除债务人部分或者全部债务的，合同的权利义务部分或者全部终止；债权和债务同归于一人的，合同的权利义务终止，但涉及第三人利益的除外。

合同权利义务的终止，不影响合同中结算和清理条款的效力以及通知、协助、保密等义务的履行。

2. 合同解除

合同解除是指当事人一方在合同规定的期限内未履行、未完全履行或者不能履行合同时，另一方当事人或者发生不能履行情况的当事人可以根据法律规定的或者合同约定的条件，通知对方解除双方合同关系的法律行为。

(1) 合同解除的条件。合同解除的条件可分为约定解除条件和法定解除条件。

1) 约定解除条件。包括：

a. 当事人协商一致，可以解除合同。

b. 当事人可以约定一方解除合同的条件。解除合同的条件成就时，解除权人可以解除合同。

2）法定解除条件。包括：

a. 因不可抗力致使不能实现合同目的。

b. 在履行期限届满之前，当事人一方明确表示或者以自己的行为表明不履行主要债务。

c. 当事人一方迟延履行主要债务，经催告后在合理期限内仍未履行。

d. 当事人一方迟延履行债务或者有其他违约行为致使不能实现合同目的。

e. 法律规定的其他情形。

（2）合同解除权的行使。合同解除权应在法律规定或者当事人约定的解除权期限内行使，期限届满当事人不行使的，该权利消灭。如法律没有规定或者当事人没有约定期限，应当在合理期限内行使，经对方催告后在合理期限内不行使的，该权利消灭。

当事人解除合同时，应当通知对方，并且自通知到达对方时合同解除。若对方对解除合同持有异议，可以请求人民法院或者仲裁机构确认解除合同的效力。法律、行政法规规定解除合同应当办理批准、登记等手续的，在解除时应依照其规定办理手续。

3. 合同债务抵销

抵销是当事人互有债权债务，在到期后，各以其债权抵偿所付债务的民事法律行为，是合同权利义务终止的方法之一。

除依照法律规定或者按照合同性质不得抵销的之外，当事人应互负到期债务，该债务的标的物种类、品质相同的，任何一方可以将自己的债务与对方的债务抵销。当事人主张抵销的，应当通知对方。通知自到达对方时生效。当事人互负债务，标的物种类、品质不相同的，经双方协商一致，也可以抵销。

4. 标的物提存

提存是指由于债权人的原因致使债务人难以履行债务时，债务人可以将标的物交给有关机关保存，以此消灭合同的制度。

债务履行往往要有债权人的协助，如果由于债权人的原因致使债务人无法向其交付标的物，不能履行债务，使债务人总是处于随时准备履行债务的局面，这对债务人来讲是不公平的。因此，法律规定了提存制度，并作为合同权利义务关系终止的情况之一。

有下列情形之一，难以履行债务的，债务人可以将标的物提存：

（1）债权人无正当理由拒绝受领。

（2）债权人下落不明。

（3）债权人死亡未确定继承人或者丧失民事行为能力未确定监护人。

（4）法律规定的其他情形。如果标的物不适于提存或者提存费用过高，债务人可以依法拍卖或者变卖标的物，提存所得的价款。

标的物提存后，除债权人下落不明的外，债务人应当及时通知债权人或债权人的继承人、监护人。标的物提存后、毁损、灭失的风险和提存费用由债权人负担。提存期间，标的物的孳息归债权人所有。

债权人可以随时领取提存物，但债权人对债务人负有到期债务的，在债权人未履行债务或提供担保之前，提存部门根据债务人的要求应当拒绝其领取提存物。

债权人领取提存物的权利期限为5年，超过该期限，提存物扣除提存费用后归国家所有。

5.6 违约责任

5.6.1 违约责任及其特点

违约责任是指合同当事人不履行或不适当履行合同，应依法承担的责任。与其他责任制度相比，违约责任有以下主要特点：

（1）违约责任以有效合同为前提。与侵权责任和缔约过失责任不同，违约责任必须以当事人双方事先存在的有效合同关系为前提。如果双方不存在合同关系，或者虽订立过合同，但合同无效或已被撤销，那么，当事人不可能承担违约责任。

（2）违约责任以违反合同义务为要件。违约责任是当事人违反合同义务的法律后果。因此，只有当事人违反合同义务，不履行或者不适当履行合同时，才应承担违约责任。

（3）违约责任可由当事人在法定范围内约定。违约责任主要是一种赔偿责任，因此，可由当事人在法律规定的范围内自行约定。只要约定不违反法律，就具有法律约束力。

（4）违约责任是一种民事赔偿责任。首先，它是由违约方向守约方承担的民事责任，无论是违约金还是赔偿金，均是平等主体之间的支付关系；其次，违约责任的确定，通常应以补偿守约方的损失为标准，贯彻损益相当的原则。

5.6.2 违约责任的承担

1. 违约责任的承担方式

当事人一方不履行合同义务或者履行合同义务不符合约定的，应当承担继续履行、采取补救措施或者赔偿损失等违约责任。

（1）继续履行。继续履行是指在合同当事人一方不履行合同义务或者履行合同义务不符合合同约定时，另一方合同当事人有权要求其在合同履行期限届满后继续按照原合同约定的主要条件履行合同义务的行为。继续履行是合同当事人一方违约时其承担违约责任的首选方式。

1）违反金钱债务时的继续履行。当事人一方未支付价款或者报酬的，对方可以要求其支付价款或者报酬。

2）违反非金钱债务时的继续履行。当事人一方不履行非金钱债务或者履行非金钱债务不符合约定的，对方可以要求履行，但有下列情形之一的除外：

a. 法律上或者事实上不能履行。

b. 债务的标的不适于强制履行或者履行费用过高。

c. 债权人在合理期限内未要求履行。

（2）采取补救措施。如果合同标的物质量不符合约定，应当按照当事人的约定承担违约责任。对违约责任没有约定或者约定不明确的，可以协议补充；不能达成补充协议的，按照合同有关条款或者交易习惯确定。依照上述办法仍不能确定的，受损害方根据标的物性质以及损失的大小，可以合理选择要求对方承担修理、更换、重做、退货及减少价款或者增加报酬等违约责任。

（3）赔偿损失。当事人一方不履行合同义务或者履行合同义务不符合约定的，在履行义务或者采取补救措施后，对方还有其他损失的，应当赔偿损失。损失赔偿额应当相当于因违约所造成的损失，包括合同履行后可以获得的利益，但不得超过违反合同一方订立合同时预见到或者应当预见到的因违反合同可能造成的损失。

当事人一方违约后，对方应当采取适当措施防止损失的扩大；没有采取适当措施致使损失扩大的，不得就扩大的损失要求赔偿。当事人因防止损失扩大而支出的合理费用，由违约方承担。

经营者对消费者提供商品或者服务有欺诈行为的，依照《消费者权益保护法》的规定承担损害赔偿责任。

（4）违约金。当事人可以约定一方违约时应当根据违约情况向对方支付一定数额的违约金，也可以约定因违约产生的损失赔偿额的计算方法。约定的违约金低于造成的损失的，当事人可以请求人民法院或者仲裁机构予以增加；约定的违约金过分高于造成的损失的，当事人可以请求人民法院或者仲裁机构予以适当减少。

当事人就迟延履行约定违约金的，违约方支付违约金后，还应当履行债务。

（5）定金。当事人可以依照《担保法》约定一方向对方给付定金作为债权的担保。债务人履行债务后，定金应当抵作价款或者收回。给付定金的一方不履行约定的债务的，无权要求返还定金；收受定金的一方不履行约定的债务的，应当双倍返还定金。

当事人既约定违约金，又约定定金的，一方违约时，对方可以选择适用违约金或者定金条款。

2. 违约责任的承担主体

（1）合同当事人双方违约时违约责任的承担。当事人双方都违反合同的，应当各自承担相应的责任。

（2）因第三人原因造成违约时违约责任的承担。当事人一方因第三人的原因造成违约的，应当向对方承担违约责任。当事人一方和第三人之间的纠纷，依照法律规定或者依照约定解决。

5.7 合同争议处理方式

合同争议是指合同当事人之间对合同履行状况和合同违约责任承担等问题所产生的意见分歧。合同争议的解决方式有和解、调解、仲裁或者诉讼。

5.7.1 和解与调解

和解与调解是解决合同争议的常用和有效方式。当事人可以通过和解或者调解解决合同争议。

（1）和解。和解是合同当事人之间发生争议后，在没有第三人介入的情况下，合同当事人双方在自愿、互谅的基础上，就已经发生的争议进行商谈并达成协议，自行解决争议的一种方式。和解方式简便易行，有利于加强合同当事人之间的协作，使合同能更好地得到履行。

（2）调解。调解是指在第三人的主持下，通过运用说服教育等方法来解决当事人之间的合同纠纷。

与和解相同，调解也具有方法灵活、程序简便、节省时间和费用、不伤害发生争议的合同当事人双方的感情等特征，而且由于有第三人的介入，可以缓解发生争议的合同双方当事人之间的对立情绪，便于双方较为冷静、理智地考虑问题。同时，由于第三人常常能够站在较为公正的立场上，较为客观、全面地看待、分析争议的有关问题并提出解决方案，从而有利于争议的公正解决。

参与调解的第三人不同，调解的性质也就不同。调解有民间调解、仲裁机构调解和法庭调解三种。

5.7.2 仲裁

仲裁是指发生争议的合同当事人双方根据合同中约定的仲裁条款或者争议发生后由其达成的书面仲裁协议，将合同争议提交给仲裁机构并由仲裁机构按照仲裁法律规范的规定居中裁决，从而解决合同争议的法律制度。当事人不愿协商、调解或协商、调解不成的，可以根据合同中的仲裁条款或事后达成的书面仲裁协议，提交仲裁机构仲裁。涉外合同的当事人可以根据仲裁协议向中国仲裁机构或者其他仲裁机构申请仲裁。

根据《中华人民共和国仲裁法》，对于合同争议的解决，实行“或裁或审制”。即发生争议的合同当事人双方只能在“仲裁”或者“诉讼”两种方式中选择一种方式解决其合同争议。

仲裁裁决具有法律约束力。合同当事人应当自觉执行裁决。不执行的，另一方当事人可以申请有管辖权的人民法院强制执行。裁决作出后，当事人就同一争议再申请仲裁或者向人民法院起诉的，仲裁机构或者人民法院不予受理。但当事人对仲裁协议的效力有异议的，可以请求仲裁机构作出决定或者请求人民法院作出裁定。

5.7.3 诉讼

诉讼是指合同当事人依法将合同争议提交人民法院受理，由人民法院依司法程序通过调查、作出判决、采取强制措施等来处理争议的法律制度。有下列情形之一的，合同当事人可以选择诉讼方式解决合同争议：

（1）合同争议的当事人不愿和解、调解的。

（2）经过和解、调解未能解决合同争议的。

（3）当事人没有订立仲裁协议或者仲裁协议无效的。

（4）仲裁裁决被人民法院依法裁定撤销或者不予执行的。

合同当事人双方可以在签订合同时约定选择诉讼方式解决合同争议，并依法选择有管辖权的人民法院，但不得违反《中华人民共和国民事诉讼法》关于级别管辖和专属管辖的规定。对于一般的合同争议，由被告住所地或者合同履行地人民法院管辖。建设工程施工合同以施工行为地为合同履行地。

5.8　建设工程合同的概念

根据《合同法》第二百六十九条规定："建设工程合同是指承包人进行工程建设，发包人支付价款的合同。建设工程合同包括工程勘察、设计、施工合同。"

建设工程合同是一种诺成合同，合同订立生效后双方应当严格履行。同时建设工程合同也是一种双务、有偿合同，当事人双方在合同中都有各自的权利和义务，在享有权利的同时必须履行义务。建设工程合同的双方当事人分别称为承包人和发包人。承包人是指在建设工程合同中负责工程的勘察、设计、施工任务的一方当事人，承包人最主要的义务是进行工程建设，即进行工程的勘察、设计、施工等工作。发包人是指在建设工程合同中委托承包人进行工程的勘察、设计、施工任务的建设单位（或业主、项目法人），发包人最主要的义务是向承包人支付相应的价款。

建设工程合同应当采用书面形式。

5.9　建设工程合同的种类

建筑市场中的各方主体，包括建设单位、勘察设计单位、施工单位、咨询单位、监理单位、材料设备供应单位等。这些主体都要依靠合同确立相互之间的关系。在这些合同中，有些属于建设工程合同，有些则属于与建设工程相关的合同。建设工程合同可以从不同的角度进行分类。

5.9.1　按合同签约的内容划分

1. 建设工程勘察、设计合同

建设工程勘察、设计合同是指业主（发包人）与勘察人、设计人为完成一定的勘察、设计任务，明确双方权利和义务的协议。

2. 建设工程施工合同

建设工程施工合同通常也称为建筑安装工程承包合同，是指建设单位（发包人）和施工单位（承包人）为了完成商定的或通过招标投标确定的建筑工程安装任务，明确双方权利和义务关系的书面协议。

3. 建设工程委托监理合同

建设工程委托监理合同简称监理合同，是指工程建设单位聘请监理单位代其对工程项目进行管理，明确双方权利和义务的协议。建设单位称委托人（甲方），监理单位称受委托人（乙方）。

4. 工程项目物资购销合同

工程项目物资购销合同是由建设单位或承建单位根据工程建设的需要，分别与有关物资、供销单位，为执行建设工程物资（包括设备、建材等）供应协作任务，明确双方权利和义务而签订的具有法律效力的书面协议。

5. 建设项目借款合同

建设项目借款合同是由建设单位与中国人民建设银行或其他金融机构，根据国家批准的投资计划、信贷计划，为保证项目贷款资金供应和项目投产后能及时收回贷款签订的明确双方权利义务关系的书面协议。

5.9.2 按合同签约各方的承包关系划分

1. 总包合同

总包合同是指建设单位（发包人）将工程项目建设全过程或其中某个阶段的全部工作，发包给一个承包单位总包，发包人与总包方签订的合同称为总包合同。总包合同签订后，总承包单位可以将若干专业性工作交给不同的专业承包单位去完成，并统一协调和监督它们的工作。在一般情况下，建设单位仅同总承包单位发生法律关系，而不同各专业承包单位发生法律关系。

2. 分包合同

分包合同即总承包人与发包人签订了总包合同之后，将若干专业性工作分包给不同的专业承包单位去完成，总包方分别与几个分包方签订的分包合同。对于大型工程项目，有时也可由发包人直接与每个承包人签订合同，而不采取总包形式。这时每个承包人都是处于同样地位，各自独立完成本单位所承包的任务，并直接向发包人负责。

5.9.3 按承包合同的不同计价方法划分

1. 总价合同

所谓总价合同，是指根据合同规定的工程施工内容和有关条件，业主应付给承包人的款额是一个规定的金额，即明确的总价。总价合同也称作总价包干合同，即根据施工招标时的要求和条件，当施工内容和有关条件不发生变化时，业主付给承包人的价款总额就不发生变化。总价合同又分固定总价合同和变动总价合同两种。

(1) 固定总价合同。所谓“固定”，是指这种价款一经约定，除业主增减工程量和设计变更外，一律不允许调整。所谓“总价”，是指承包单位完成合同约定范围内工程量以及为完成该工程量而实施的全部工作的总价款。由于固定总价合同具有易于结算、量与价的风险主要由承包人承担以及承包人索赔机会少等优点，因此，近年来很多工程项目都以此形式为合同约定。

(2) 变动总价合同又称为可调总价合同。合同价格是以图纸及规定、规范为基础，按照时价进行计算，得到包括全部工程任务和内容的暂定合同价格。它是一种相对固定的价格，在合同执行过程中，由于通货膨胀等原因而使所使用的工料成本增加时，可按照合同约定对合同总价进行相应的调整。当然，一般由于设计变更、工程量变化和其他工程条件变化所引起的费用变化也可以进行调整。因此，通货膨胀等不可预见因素的风险由业主承担，对承包人而言，其风险相对较小，但对业主而言，不利其进行投资控制，超出投资的风险就增大了。

2. 单价合同

单价合同是承包人在投标时，按招标文件就分部分项工程所列出的工程量表确定各分部分项工程费用的合同类型。这类合同的适用范围比较宽，其风险可以得到合理的分摊，并且能鼓励承包人通过提高工效等手段节约成本，提高利润。在合同履行中需要注意的问题是双方对实际工程量计量的确认。单价合同也可以分为固定单价合同和可调单价合同。

(1) 固定单价合同。这也是经常采用的合同形式，特别是在设计或其他建设条件（如地质条件）还不太落实的情况下（计算条件应明确）而以后又需增加工程内容或工程量时，可以按单价适当追加合同内容。在每月（或每阶段）工程结算时，根据实际完成的工程量结算，在工程全部完成时以竣工图的工程量来最终结算工程总价款。

(2) 可调单价合同。合同单价可调，一般是在工程招标文件中规定。在合同中签订的单价，根据合同约定的条款，如在工程实施过程中物价发生变化等，可做调整。有的工程在招标或签约时，因某些不确定因素而在合同中暂定某些分部分项工程的单价，在工程结算时，再根据实际情况和合同约定合同单价进行调整，确定实际结算单价。可以将工程设计和施工同时发包，承包人在没有施工图纸的情况下报价，显然这种报价要求报价方有较高的水平和经验。

3. 成本加酬金合同

(1) 成本加酬金合同的含义。成本加酬金合同也称为成本补偿合同，这是与固定总价合同正好相反的合同，工程施工的最终合同价格将按照工程的实际成本再加上一定的酬金进行计算。在合同签订时，工程的实际成本往往不能确定，只能确定酬金的取值比例或者计算原则。

采用这种合同，承包人不承担任何价格变化或工程量变化的风险，这些风险主要由业主承担，对业主的投资控制很不利。而承包人则往往缺乏控制成本的积极性，常常不仅不愿意控制成本，甚至还会期望提高成本以提高自己的经济效益，因此这种合同容易被那些不道德或不称职的承包人滥用，从而损害工程的整体效益。

(2) 成本加酬金合同的形式。

1) 成本加固定酬金合同。根据双方讨论同意的工程规模、估计工期、技术要求、工作性质及复杂性、所涉及的风险等来考虑确定一笔固定数目的报酬金额作为管理费及利润，对人工、材料、机械台班等直接成本则实报实销。如果设计变更或增加新项目，当直接费超过原估算成本的一定比例（如10%）时，固定的报酬也要增加。在工程总成本一开始估计不准，可能变化不大的情况下，可采用此合同形式，有时可分几个阶段谈判付给固定报酬。这种方式虽然不能鼓励承包人降低成本，但为了尽快得到酬金，承包人会尽力缩短工期。有时也可在固定酬金之外根据工程质量、工期和节约成本等因素，给承包人另加奖金，以鼓励承包人积极工作。

2) 成本加固定比例酬金合同。工程成本中直接费加一定比例的报酬费，报酬部分的比例在签订合同时由双方确定。这种方式的酬金总额随成本加大而增加，不利于缩短工期和降低成本。一般在工程初期很难描述工作范围和性质，或工期紧迫、无法按常规编制招标文件招标时采用。

3) 成本加奖金合同。奖金是根据报价书中的成本估算指标制定的，在合同中对这个估算指标规定一个底点和顶点。承包人在估算指标的顶点以下完成工程则可得到奖金，超过顶点则要对超出部分支付罚款。如果成本在底点之下，则可加大酬金值或酬金百分比。

采用这种方式通常规定，当实际成本超过顶点对承包人罚款时，最大罚款限额不超过原先商定的最高酬金值。

在招标时，当图纸、规范等准备不充分，不能据以确定合同价格，而仅能制定一个估算指标时可采用这种形式。

4）最大成本加酬金合同。在工程成本总价合同基础上加固定酬金费用的方式，即当设计深度达到可以报总价的深度，投标人报一个工程成本总价和一个固定的酬金（包括各项管理费、风险费和利润）。如果实际成本超过合同中规定的工程成本总价，由承包人承担所有的额外费用，若实施过程中节约了成本，节约的部分归业主，或者由业主与承包人共享，在合同中要确定节约分成比例。在非代理型（风险型）CM模式的合同中就采用这种方式。

5.10 建设工程合同的特征

5.10.1 合同主体的严格性

建设工程合同主体一般是法人。发包人一般是经过批准的进行工程项目建设的法人，必须有国家批准的建设项目并落实投资计划，并且应当具备相应的协调能力。承包人则必须具备法人资格，而且应当具备相应的从事勘察设计、施工、监理等资质。无营业执照或无承包资质的单位不能作为建设工程合同的主体，资质等级低的单位不能越级承包建设工程。

5.10.2 合同标的的特殊性

建设工程合同的标的是各类建筑产品。建筑产品是不动产，其基础部分与大地相连，不能移动。这就决定了每个建设工程合同的标的都是特殊的，相互间具有不可替代性。建筑物所在地就是勘察、设计、施工生产的场地，施工队伍、施工机械必须围绕建筑产品不断移动。另外，建筑产品的类别庞杂，其外观、结构、使用目的、使用人都各不相同，这就要求每一个建筑产品都需单独设计和施工（即使可重复利用标准设计或重复使用图纸，也应采取必要的修改设计才能施工），即建筑产品是单体性生产，这也决定了建设工程合同标的的特殊性。

5.10.3 合同履行期限的长期性

建设工程由于结构复杂、体积大、建筑材料类型多、工作量大，使得合同履行期限都较长（与一般工业产品的生产相比）。建设工程合同的订立和履行一般都需要较长的准备期。在合同的履行过程中，还可能因为不可抗力、工程变更、材料供应不及时等原因而导致合同期限顺延。所有这些情况，决定了建设工程合同的履行期限具有长期性。

5.10.4 计划和程序的严格性

由于工程建设对国家的经济发展、公民的工作和生活都有重大的影响，因此，国家对建设工程的计划和程序都有严格的管理制度。订立建设工程合同必须以国家批准的投资计划为前提，即使是国家投资以外的、以其他方式筹集的投资也要受到当年的贷款规模和批准限额的限制，纳入当年投资规模的平衡，并经过严格的审批程序。建设工程合同的订立和履行还必须符合国家关于工程建设程序的规定。

小　结

合同订立的基本原则是平等、自愿、公平、诚信、合法。订立合同，要经过要约和承诺两个阶段。《合同法》规定了合同生效、无效合同、可撤销或变更合同的条件。合同履行必须坚持全面履行、诚实信用和实际履行的原则。合同争议的处理方式有和解、调解、仲裁、诉讼等。建设工程合同是指承包人进行工程建设、发包人支付价款的合同，包括工程勘察、设计、施工合同。建设工程合同应当采用书面形式。

案　例　分　析

案例分析 5.1：合同订立原则

原告 H 市某区建筑公司建造两栋大楼急需要用砂，遂于 2019 年 9 月 10 日与被告 H 市郊县建材公司签订了一份合同，合同约定原告购买被告黄砂 30 车，每吨价格 300 元。合同没约定用什么车，但是当地运砂普遍用“东风牌”大卡车。合同订立一个月以后，由被告送货，货到付款。合同订立后，黄砂价格开始上涨，从 300 元/t 涨到 350 元/t。被告经理李某不愿如数供货，遂于 10 月 12 日给原告的经办人打电话，提出货源紧张，要求变更货物数量，减少供货，遭到拒绝。李某遂于次日安排两辆（其中一辆是借用外单位车）“130”型货车，装了两车黄砂（每车装载 2t），送到原告处，并要求以“130”货车为标准，计算交货数量。原告提出，被告的做法不合理，尽管合同规定交货数量为 30 车，但应以“东风牌”大卡车作为计算标准，每车装载 4t，共 120t。为此，双方发生争议，协商未果，原告遂向法院起诉，认为被告应承担违约责任。被告则提出，双方对交货数量的计算产生重大误解，应撤销合同。

案例评析要点： 本案的关键在于判断当事人是否违反了诚实信用原则及其后果。由于诚实信用原则本身比较笼统和抽象，并没有规定具体的判断标准，因此明确诚实信用原则的应有之义和必然要求就成为解决纠纷的前提。

《合同法》作为民法的分支之一，充分地体现了尊重双方当事人意思自由和自治。然而，《合同法》并不是没有任何底线的，因此《合同法》明确规定了其应遵守的基本原则。现实生活交易中，一旦违反这些《合同法》的基本原则，便将带给当事人一定的法律责任。其中民法和《合同法》的帝王原则便是诚实信用原则。

我国《合同法》第三条到第七条可以说都是有关基本原则的规定，其中第六条规定的诚实信用原则尤其受到人们的重视。所谓诚实信用原则，从总的民法领域来说，是指民事主体在从事民事活动时应尽量诚实、守信，以善意的方式行使权利，履行义务；在《合同法》领域，当事人遵守诚实信用原则，体现为在合同的订立过程和履行过程中，当事人都要符合诚实、信用的要求。尤其在合同履行过程中，当事人不仅应当按照诚实信用原则履行合同明确规定的义务，而且在法律和合同规定的义务不明确或不完全的情况下，当事人也应当依据诚实信用的原则来确定和履行自己的义务。诚实信用原则实际上是公认的商业道德在合同法领域的体现。

从本案的实际情况来看，被告的行为显然已经违背了诚实信用原则的要求。按照诚实信用原则的要求，当事人对交货数量规定得不明确的，应当按照诚实信用这一商业道德来确定合理的交货数量。合同规定的“30”车黄砂，究竟以什么车为标准？在回答这个问题的时候，应当遵循诚实信用原则的要求，而不能基于自己的利益追求任意下决断。被告在订约时应该知道“30”车不是以“130”型车为标准，因为：①被告作为专业的黄砂生产者经常给客户送货，应当知道当地的交易惯例，以车为计算标准时，除特别说明外，一般是指“东风牌”大卡车，至少不是指“130”型车；②被告给原告送货前，已经提出减少送货量，遭到拒绝后，才特地安排“130”型卡车送货，甚至从外单位借来一辆车送货，其直接目的就是为了减少送货量。基于这两个事实，可以判断出，被告所作所为实际上违反了商业道德的要求，不讲诚信。综上所述，被告违反了《合同法》的基本原则——诚实信用原则，实际上违反了合同规定的义务，构成违约。

案例分析 5.2：合同订立程序

甲安装公司于2019年5月6日向乙公司发出购买安装设备的要约，称对方如果同意该要约条件，请在10日内予以答复，否则将另找其他公司签约。第三天正当乙公司准备回函同意要约时，甲安装公司又发一函，称前述要约作废，已与别家公司签订合同，乙公司认为10日尚未届满，要约仍然有效，自己同意要约条件，要求对方遵守要约。双方发生争议，起诉至法院。

请分析甲安装公司的要约是否生效？能否撤回或撤销？

案例评析要点：甲安装公司的要约已经生效。

因为根据《合同法》的规定，要约到达受要约人时生效。甲安装公司发出的要约已经到达受要约人，所以该要约已经生效。

甲安装公司的要约不能撤回也不能撤销。

根据《合同法》的规定，在要约生效前，要约可以撤回。甲安装公司发出的要约已经生效，因此不能撤回。要约人在要约生效后、受要约人承诺前，可以撤销要约，但是《合同法》规定，要约中规定了承诺期限或者以其他形式表明要约是不可撤销的，则要约不能撤销。本案中，甲安装公司的要约称对方如果同意该要约条件，请在10日内予以答复，属于要约中明确规定了承诺期限，所以不得撤销。

案例分析 5.3：建设工程合同的内涵

某商场为了扩大营业范围，购得该市某集团公司地皮一块，准备兴建分店。该商场通过招标投标的形式与B建筑工程公司签订了建筑工程承包合同。之后，承包人将各种设备、材料运抵工地开始施工。施工过程中，城市规划管理局的工作人员来到施工现场，指出该工程不符合城市建设规划，未领取施工规划许可证，必须立即停止施工。最后，城市规划管理局对发包人作出了行政处罚，处以罚款 2 万元，勒令停止施工，拆除已修建部分。承包人因蒙受损失向法院提起诉讼，要求发包人给予赔偿。

案例评析要点：本案双方当事人之间所订合同属于典型的建设工程合同，归属于施工合同的类别，所以评判双方当事人的权责应依有关建设工程合同的规定。本案中引起当事人争议并导致损失产生的原因是工程开工前未办理规划许可证，从而导致工程为非法工程，当事人基于此而订立的合同无合法基础，应视为无效合同。依《中华人民共和国建筑法》的规定，规划许可证应由建设人，即发包人办理，所以，本案中的过错在于发包方，发包方应当赔偿给承包人造成的先期投入、设备、材料运送费用以及耗用的人工费用等项损失。

案例分析 5.4：建设工程合同形式

承包人和发包人签订了物流货物堆放场地平整工程合同，规定工程按市工程造价管理部门颁布的《综合价格》进行结算。在履行合同过程中，因发包人未解决好征地问题，使承包人 7 台推土机无法进入场地，窝工 200 天，致使承包人没有按期交工。经发包人和承包人口头交涉，在征得承包人同意的基础上按承包人实际完成的工程量变更合同，并商定按“某省某厂估价标准机械化施工标准”结算。工程完工结算时，因为窝工问题和结算依据发生争议。承包人起诉，要求发包人承担全部窝工责任并坚持按第一次合同规定的计价依据和标准办理结算，而发包人在答辩中则要求承包人承担延期交工责任。法院经审理判决第一个合同有效，第二个口头交涉的合同无效，工程结算的依据应当依双方第一次签订的合同为准。

案例评析要点：本案的关键在于如何确定工程结算计价的依据，即当事人所订立的两份合同哪个有效。依《合同法》第二百七十条“建设工程合同应当采用书面形式”有关规定，建设工程合同的有效要件之一是书面形式，而且合同的签订、变更或解除，都必须采取书面形式。本案中的第一个合同是有效的书面合同，而第二个合同是口头交涉而产生的口头合同，并未经书面固定，属无效合同。所以，法院判决第一个合同为有效合同。

案例分析 5.5：建设工程合同类型

某施工单位根据领取的某 2000m^2 两层厂房工程项目招标文件和全套施工图纸，来用低报价策略编制了投标文件，并获得中标。该施工单位（乙方）于某年某月某日与建设单位（甲方）签订了该工程项目的固定总价合同。合同工期为 8 个月。甲方在乙方进入施工现场后，因资金紧缺，无法如期支付工程款，口头要求乙方暂停施工一个月。乙方亦口头答应。工程按合同规定期限验收时，甲方发现工程质量有问题，要求返工。两个月后，返工完毕。结算时甲方认为乙方迟延交付工程，应按合同约定偿付逾期违约金。乙方认为临时停工是甲方要求的。乙方为抢工期，加快施工进度才出现了质量问题。因此，迟延交付的责任不在乙方。甲方则认为临时停工和不顺延工期是当时乙方答应的。乙方应履行承诺，承担违约责任。

问题：

1. 按计价方式不同，建设工程施工合同分为哪些类型？该工程采用固定总价合同是否合适？试说明理由

2. 该施工合同的变更形式是否妥当？试说明理由。此合同争议依据合同法律规范应如何处理？

案例评析要点：

问题1：按计价方式不同，建设工程施工合同可分为：①总价合同；②单价合同；③成本加酬金合同。

该工程采用固定总价合同合适。因为该工程项目有全套施工图纸、工程量能够较准确计算，规模不大、工期较短、技术不太复杂、合同总价较低且风险不大，故采用固定总价合同是合适的。

问题2：

（1）该施工合同的变更形式不妥当。因为根据《合同法》和《建设工程施工合同（示范文本）》的有关规定，建设工程合同应当采取书面形式。合同变更是对合同的补充和更改，亦应当采取书面形式；若在应急情况下，可采取口头形式，但事后应以书面形式予以确认。否则，在合同双方对合同变更内容有争议时，往往因口头形式协议很难举证，只能以书面协议约定的内容为准。本案例中甲方要求临时停工，乙方亦答应，是甲、乙双方的口头协议，且事后并未以书面的形式确认，所以该合同变更形式不妥。在竣工结算时双方发生了争议，对此只能以原书面合同规定为准。

（2）此合同争议依据合同法律规范处理如下：

1）在甲方承认因资金紧缺，无法如期支付工程款，要求乙方暂停施工一个月的前提下，甲方应对停工承担责任，赔偿乙方停工一个月的实际经济损失，工期顺延一个月。因为在施工期间，甲方因资金紧缺未能及时支付工程款，并要求乙方停工一个月，此时乙方应享有索赔权。乙方虽然未按规定程序及时提出索赔，丧失了索赔权，但是根据《民法通则》的规定，在民事权利诉讼时效期（2年）内，仍享有要求甲方承担违约责任的权利。

2）乙方应当承担因质量问题引起的返工费用，并支付逾期交工一个月的违约金。因为工程质量问题和逾期交付工程的责任在乙方。

练习思考题

1. 单选题

（1）下列不是法人应当具备的条件的是（ ）。

A. 依法成立　　B. 有必要的财产或者经费

C. 能够独立享受民事权利　　D. 有自己的名称、组织机构和场所

（2）建设活动中最主要的主体是（ ）。

A. 法人　　B. 项目经理　　C. 总监理工程师　　D. 甲方代表

（3）在建设工程中，大多数建设活动主体都是法人，以下单位或组织除（ ）外均要求同时具有法人资格和相应的资质。

A. 建设单位　　B. 施工单位　　C. 勘察设计单位　　D. 监理单位

(4) 任何一方都不得采用恶意谈判、欺诈等手段牟取不正当利益。体现的是合同订立的（　　）。

A. 平等原则　　B. 自愿原则　　C. 公平原则　　D. 诚信原则

(5) 在合同履行过程中当事人可以协议补充、协议变更有关内容，双方也可以协议解除合同，体现的是合同订立的（　　）。

A. 诚信原则　　B. 公平原则　　C. 自愿原则　　D. 平等原则

(6) 下列合同中，不属于建设工程合同的是（　　）。

A. 建设工程勘察合同　　B. 建设工程施工合同

C. 建设工程设计合同　　D. 建设工程监理委托合同

(7) 某施工图纸比较齐全的小型框架结构工程，工期 270 天，该工程最适宜采用（　　）计价形式合同招标。

A. 固定费率　　B. 固定总价　　C. 固定单价　　D. 成本加酬金

(8) 我国《合同法》对合同的形式规定可以采用口头形式，也可以采用书面形式。则建设工程合同应当采用（　　）。

A. 书面形式或口头形式　　B. 口头形式

C. 口头形式和推定形式　　D. 书面形式

2. 多选题

(1) 法人是与自然人相对应的概念，是法律赋予社会组织具有法律人格的一项制度。法人必须具备的条件有（　　）。

A. 依法成立　　B. 能够独立履行民事权利

C. 能够独立承担民事责任　　D. 有必要的财产或者经费

E. 有自己的名称、组织机构和场所

(2) 施工合同订立并生效后，合同便成为约束和规范合同双方当事人行为的法律依据，因此合同双方必须按合同履行双方的合同义务，那么合同的履行应该遵循的原则包括（　　）。

A. 诚实信用原则　　B. 公平公正原则

C. 平等互利原则　　D. 全面履行原则

E. 公开原则

(3) 建设工程民事纠纷的处理方式主要有（　　）。

A. 和解　　B. 协调　　C. 调解　　D. 诉讼

E. 仲裁

(4) 建设工程施工合同承包人承担违约责任的方式有（　　）。

A. 赔礼道歉　　B. 采取补救措施　　C. 赔偿损失　　D. 继续履行

E. 支付违约金

3. 思考题

(1) 什么是合同？

(2) 合同订立的基本原则是什么？在建设工程合同的签订和执行过程中哪些方面体现

了合同的基本原则？

(3) 订立合同一般要经过哪几个程序？

(4) 什么是无效合同？无效合同应如何处理？

(5) 合同变更的条件是什么？合同的转让和终止的条件是什么？

(6) 合同争议的处理方式有哪几种？

(7) 建设工程合同的类型？

4. 案例分析题

背景：某建设单位（甲方）拟建造一栋3600m^2的职工住宅，采用工程量清单招标方式，由某施工单位（乙方）承建。甲乙双方签订的施工合同摘要如下：

协议书中的部分条款：

本协议书与下列文件一起构成合同文件：①中标通知书；②投标函及投标函附录；③专用合同条款；④通用合同条款；⑤技术标准和要求；⑥图纸；⑦已标价工程量清单；⑧其他合同文件。

上述文件互相补充和解释，如有不明确或不一致之处，以上述顺序作为优先解释顺序（合同履行过程中另行约定的除外）。

签约合同价：人民币（大写）陆佰捌拾玖万元（￥6890000.00元）。

承包人项目经理：在开工前由承包人采用内部竞聘方式确定。（工程质量：甲方规定的质量标准）

问题：

(1) 按计价方式不同，建设工程施工合同分为哪些类型？对实行工程量清单计价的工程，适宜采用何种类型？本案例采用总价合同方式是否违法？

(2) 该合同签订的条款有哪些不妥之处？应如何修改？

第6章　建设工程施工合同管理

教学目标　了解施工合同的概念和特点；掌握施工合同示范文本的组成；理解建设工程施工合同通用条款；重点掌握施工合同中的实质性条款。

6.1　建设工程施工合同概述

6.1.1　建设工程施工合同的概念和特点

1. 建设工程施工合同的概念

建设工程施工合同，是指工程发包人与承包人为完成具体工程项目的建筑施工、设备安装、设备调试、工程保修等工作内容，签订的确定双方权利和义务的协议，简称施工合同，也称建筑安装承包合同。施工合同是建设工程合同的一种，在订立时应遵守自愿、公平、诚实信用等原则。建设工程施工合同是建设工程的主要合同之一，其标的是将设计图变为满足功能、质量、进度、投资等发包人投资预期目的的建筑产品。

2. 建设工程施工合同的特点

(1) 合同标的的特殊性。施工合同的标的是特定建筑产品，它不同于一般工业产品。其具有以下特性。首先是固定性。建筑产品属于不动产，其基础部分与大地相连，不能移动，这就决定了每个施工合同的标的都是特殊的，相互间具有不可替代性，同时也决定了施工生产的流动性。施工人员、施工机械必须围绕建筑产品移动。其次，由于建筑产品各有其特定的功能要求，其实物形态千差万别，种类繁多，这就形成了建筑产品生产的单件性，即每项工程都有单独的设计和施工方案，即使有的建筑工程可重复采用相同的设计图纸，但因建筑场地不同也必须进行一定的设计修改。

(2) 合同履行期限的长期性。建筑物的施工结构复杂、体积大、工作量大、所用建筑材料种类多，因此与一般工业产品的生产相比工期都较长。而且因为工程建设的施工应当在合同签订后才开始，加上合同签订后到正式开工前的一个较长的施工准备时间和工程全部竣工验收后办理竣工结算及保修期的时间，合同履行期限肯定要长于施工工期。在工程施工过程中，也还可能因为不可抗力、工程变更、材料供应不及时等原因导致工期顺延。所有这些情况，决定了施工合同的履行期限具有长期性。

(3) 合同内容的多样性和复杂性。虽然施工合同的当事人只有两方，但其涉及的主体却有多种。与大多数合同相比，施工合同的履行期限长，标的额大，涉及的法律关系（包括劳动关系、保险关系、运输关系等）具有多样性和复杂性，这就要求施工合同的内容尽量详尽、具体、明确和完整。

施工合同除了应当具备合同的一般内容外，还应对安全施工、专利技术使用、发现地下障碍物和文物、工程分包、不可抗力、工程设计变更、材料设备的供应、运输、验收等内容作出规定，所有这些都决定了施工合同的内容具有多样性和复杂性。

（4）合同监督的严格性。由于施工合同的履行对国家的经济发展、公民的工作和生活都有重大影响，因此，国家对施工合同的监督是十分严格的。具体表现在以下几个方面。

1）对合同主体监督的严格性。建设工程施工合同的主体一般只能是法人，发包人一般只能是经过批准进行工程项目建设的法人。发包人必须有国家批准的建设工程并落实投资计划，并应当具备一定的协调能力。承包人必须具备法人资格，而且应当具备相应的从事施工的资质。没有资质或者超越资质承揽工程都是违法行为。

2）对合同订立监督的严格性。订立建设工程施工合同必须以国家批准的投资计划为前提，即使是国家投资以外的、以其他方式筹集的投资也要受到当年的贷款规模和批准限额的限制，纳入到当年投资规模计划，并经严格程序审批。建设工程施工合同的订立，还必须符合国家关于建设程序的规定。另外，考虑到建设工程的重要性和复杂性，在施工过程中经常会发生影响合同履行的纠纷，因此，《合同法》要求建设工程施工合同应当采用书面形式。

3）对合同履行监督的严格性。在施工合同的履行过程中，除了合同当事人应当对合同进行严格管理外，工商行政管理机构、金融机构、建设行政主管部门等都要对建设工程施工合同的履行进行严格监督。

6.1.2　建设工程施工合同的作用

建设工程施工合同是承包人进行工程建设施工，发包人支付价款的合同，是建设工程的主要合同。施工合同的当事人是发包方和承包方，双方是平等的民事主体。它明确了建设工程发包人和承包人在施工阶段的权利和义务，是保护发包人和承包人权益的依据。无论是哪种情况的违约，权利受到侵害的一方，就要以施工合同为依据，根据有关法律，追究对方的法律责任。施工合同一经订立，就成为调解、仲裁和审理纠纷的依据。因此，施工合同是保护建设工程实施阶段发包人和承包人权益的依据，同时也是工程建设质量控制、进度控制、投资控制的主要依据。

6.2　建设工程施工合同示范文本

6.2.1　施工合同示范文本的概述

为了指导建设工程施工合同当事人的签约行为，维护合同当事人的合法权益，依据《中华人民共和国合同法》《中华人民共和国建筑法》《中华人民共和国招标投标法》以及相关法律法规，2017 年 9 月 22 日，住房和城乡建设部、国家工商行政管理总局联合发布建市〔2017〕214 号文件，对《建设工程施工合同（示范文本）》（GF—2013—0201）进行了修订，制定《建设工程施工合同（示范文本）》（GF—2017—0201）（简称《示范文本》），并自 2017 年 10 月 1 日起正式执行。这是我国自 1991 年首次实行建设工程合同示范文本制度以来，对合同文本的第四次修订。

施工合同示范文本的执行，对于规范我国建筑市场交易行为、更为合理地分配发承包双方项目风险、维护参建各方的合法权益起到了积极作用。

《示范文本》为非强制性使用文本。《示范文本》适用于房屋建筑工程、土木工程、线路管道和设备安装工程、装修工程等建设工程的施工承发包活动，合同当事人可结合建设工程具体情况，根据《示范文本》订立合同，并按照法律法规规定和合同约定承担相应的法律责任及合同权利义务。

6.2.2 施工合同示范文本的组成

《示范文本》由合同协议书、通用合同条款和专用合同条款三部分组成。

1. 合同协议书

《示范文本》的合同协议书重要内容共计13条，主要包括：工程概况、合同工期、质量标准、签约合同价与合同价格形式、项目经理、合同文件构成、承诺以及合同生效条件等，集中约定了合同当事人基本的合同权利义务。

合同协议书条款与填写范例如下：

合同协议书（范例）

发包人（全称）：××房地产开发有限公司

承包人（全称）：××建筑工程有限公司工程

根据《中华人民共和国合同法》《中华人民共和国建筑法》及有关法律规定，遵循平等、自愿、公平和诚实信用的原则，双方就××工程施工及有关事项协商一致，共同达成如下协议：

一、工程概况

1. 工程名称：××工程。

2. 工程地点：××市××区××路××号。

3. 工程立项批准文号：国科发计字〔2016〕××号。

4. 资金来源：政府财政拨款占10%，银行贷款占10%，单位自筹占80%。

5. 工程内容：地基工程，占地面积16000m^2。

群体工程应附《承包人承揽工程项目一览表》（附件1）。

6. 工程承包范围：

图纸中土石方开挖部分，施工中变更的部分，工程中涉及土石方开挖部分的零星清底工作。

二、合同工期

计划开工日期：2016年04月15日。

计划竣工日期：2017年04月15日。

工期总日历天数：364天。工期总日历天数与根据前述计划开竣工日期计算的工期天数不一致的，以工期总日历天数为准。

三、质量标准

工程质量符合《建筑电气工程施工质量验收规范》（GB 50303—2015）标准。

四、签约合同价与合同价格形式

1. 签约合同价为：

人民币（大写）壹千伍百万元（¥15000000.00元）；

其中：

(1) 安全文明施工费：

人民币（大写）肆拾万元（¥400000.00元）；

(2) 材料和工程设备暂估价金额：

人民币（大写）叁拾万元（¥300000.00元）；

(3) 专业工程暂估价金额：

人民币（大写）伍拾万元（¥500000.00元）；

(4) 暂列金额：

人民币（大写）叁拾万元（¥300000.00元）。

2. 合同价格形式：总价合同。

五、项目经理

承包人项目经理：×××。

六、合同文件构成

本协议书与下列文件一起构成合同文件：

(1) 中标通知书（如果有）。

(2) 投标函及其附录（如果有）。

(3) 专用合同条款及其附件。

(4) 通用合同条款。

(5) 技术标准和要求。

(6) 图纸。

(7) 已标价工程量清单或预算书。

(8) 其他合同文件。

在合同订立及履行过程中形成的与合同有关的文件均构成合同文件组成部分。

上述各项合同文件包括合同当事人就该项合同文件所作出的补充和修改，属于同一类内容的文件，应以最新签署的为准。专用合同条款及其附件须经合同当事人签字或盖章。

七、承诺

1. 发包人承诺按照法律规定履行项目审批手续、筹集工程建设资金并按照合同约定的期限和方式支付合同价款。

2. 承包人承诺按照法律规定及合同约定组织完成工程施工，确保工程质量和安全，不进行转包及违法分包，并在缺陷责任期及保修期内承担相应的工程维修责任。

3. 发包人和承包人通过招标投标形式签订合同的，双方理解并承诺不再就同一工程另行签订与合同实质性内容相背离的协议。

八、词语含义

本协议书中词语含义与第二部分通用合同条款中赋予的含义相同。

九、签订时间

本合同于2016年03月24日签订。

十、签订地点

本合同在××市××区××路××号签订。

十一、补充协议

合同未尽事宜，合同当事人另行签订补充协议，补充协议是合同的组成部分。

十二、合同生效

本合同自2016年03月24日生效。

十三、合同份数

本合同一式 6 份，均具有同等法律效力，发包人执 3 份，承包人执 3 份。

发包人：×××（公章）

法定代表人或其委托代理人：

（签字）×××

组织机构代码：×××××××××—×

地址：××市××路××号

邮政编码：××××××

法定代表人：×××

委托代理人：×××

电话：××××—×××××××

传真：××××—×××××××

电子信箱：×××××××××@qq.com

开户银行：××银行

账号：×××××××××××××××

承包人：×××（公章）

法定代表人或其委托代理人：

（签字）×××

组织机构代码：×××××××××—×

地址：××市××路××号

邮政编码：××××××

法定代表人：×××

委托代理人：×××

电话：××××—×××××××

传真：××××—×××××××

电子信箱：××××××××@qq.com

开户银行：××银行

账号：×××××××××××××

2. 通用合同条款

通用合同条款是合同当事人根据《中华人民共和国建筑法》《中华人民共和国合同法》等法律法规的规定，就工程建设的实施及相关事项，对合同当事人的权利义务作出的原则性约定。

通用合同条款共计20条，具体条款分别为：一般约定、发包人、承包人、监理人、工程质量、安全文明施工与环境保护、工期和进度、材料与设备、试验与检验、变更、价格调整、合同价格、计量与支付、验收和工程试车、竣工结算、缺陷责任与保修、违约、不可抗力、保险、索赔和争议解决。前述条款安排既考虑了现行法律法规对工程建设的有关要求，也考虑了建设工程施工管理的特殊需要。

3. 专用合同条款

专用合同条款是对通用合同条款原则性约定的细化、完善、补充、修改或另行约定的条款。合同当事人可以根据不同建设工程的特点及具体情况，通过双方的谈判、协商对相应的专用合同条款进行修改补充。在使用专用合同条款时，应注意以下事项：

（1）专用合同条款的编号应与相应的通用合同条款的编号一致。

（2）合同当事人可以通过对专用合同条款的修改，满足具体建设工程的特殊要求，避免直接修改通用合同条款。

（3）在专用合同条款中有横道线的地方，合同当事人可针对相应的通用合同条款进行细化、完善、补充、修改或另行约定；如无细化、完善、补充、修改或另行约定，则填写“无”或划“/”。

（4）合同附件格式及规范。《示范文本》提供了11个合同附件格式及规范，包括承包人承揽工程项目一览表、发包人供应材料设备一览表、工程质量保修书、主要建设工程文件目录、承包人用于本工程施工的机械设备表、承包人主要施工管理人员表、分包人主要施工管理人员表、履约担保、预付款担保、支付担保、暂估价一览表，见附件1～附件11。

附件1：

承包人承揽工程项目一览表

单位工程名称	建设规模	建筑面积/m^2	结构形式	层数	生产能力	设备安装内容	合同价格/元	开工日期	竣工日期

【填写说明】

单位工程名称：可根据《建筑工程施工质量验收统一标准》（GB 50300—2013）规定的原则来划分单位工程、分部工程、分项工程。

建设规模：《建筑工程设计资质分级标准》（建设部建设〔1999〕9号）见《民用建筑工程设计等级分类》表。

结构形式：混合结构、框架结构、剪力墙结构、框架-剪力墙结构、筒体结构、桁架结构、网架结构、拱式结构、悬索结构、薄壁空间结构等。

层数：按设计文件填写。

合同价格：指协议书中的签约合同价格。

开工日期和竣工日期：指协议书中的计划开工日期和计划竣工日期。

附件2：

发包人供应材料设备一览表

序号	材料、设备品种	规格型号	单位	数量	单价/元	质量等级	供应时间	送达地点	备注

续表

序号	材料、设备品种	规格型号	单位	数量	单价/元	质量等级	供应时间	送达地点	备注

【填写说明】

单价：应标明是否含税。

供应时间：应按照合同要求和计划进行供应，且不得影响项目施工进度。

附件3：

工程质量保修书

发包人（全称）：________________

承包人（全称）：________________

发包人和承包人根据《中华人民共和国建筑法》和《建设工程质量管理条例》，经协商一致就________________（工程全称）签订工程质量保修书。

一、工程质量保修范围和内容

承包人在质量保修期内，按照有关法律规定和合同约定，承担工程质量保修责任。

质量保修范围包括地基基础工程、主体结构工程，屋面防水工程、有防水要求的卫生间、房间和外墙面的防渗漏，供热与供冷系统，电气管线、给排水管道、设备安装和装修工程，以及双方约定的其他项目。具体保修的内容，双方约定如下：____。

二、质量保修期

根据《建设工程质量管理条例》及有关规定，工程的质量保修期如下：

1. 地基基础工程和主体结构工程为设计文件规定的工程合理使用年限。

2. 屋面防水工程、有防水要求的卫生间、房间和外墙面的防渗为____年。

3. 装修工程为____年。

4. 电气管线、给排水管道、设备安装工程为____年。

5. 供热与供冷系统为____个采暖期、供冷期。

6. 住宅小区内的给排水设施、道路等配套工程为____年。

7. 其他项目保修期限约定如下：____。

质量保修期自工程竣工验收合格之日起计算。

三、缺陷责任期

工程缺陷责任期为______个月，缺陷责任期自工程通过竣工验收之日起计算。单位工程先于全部工程进行验收，单位工程缺陷责任期自单位工程验收合格之日起算。

缺陷责任期终止后，发包人应退还剩余的质量保证金。

四、质量保修责任

1. 属于保修范围、内容的项目，承包人应当在接到保修通知之日起7天内派人保修。承包人不在约定期限内派人保修的，发包人可以委托他人修理。

2. 发生紧急事故需抢修的，承包人在接到事故通知后，应当立即到达事故现场抢修。

3. 对于涉及结构安全的质量问题，应当按照《建设工程质量管理条例》的规定，立即向当地建设行政主管部门和有关部门报告，采取安全防范措施，并由原设计人或者具有相应资质等级的设计人提出保修方案，承包人实施保修。

4. 质量保修完成后，由发包人组织验收。

五、保修费用

保修费用由造成质量缺陷的责任方承担。

六、双方约定的其他工程质量保修事项：____。

工程质量保修书由发包人、承包人在工程竣工验收前共同签署，作为施工合同附件，其有效期限至保修期满。

发包人（公章）：______________	承包人（公章）：______________
地址：______________	地址：______________
法定代表人（签字）：______________	法定代表人（签字）：______________
委托代理人（签字）：______________	委托代理人（签字）：______________
电话：______________	电话：______________
传真：______________	传真：______________
开户银行：______________	开户银行：______________
账号：______________	账号：______________
邮政编码：______________	邮政编码：______________

【填写说明】

工程质量保修范围和内容：可以根据工程内容进行约定，如果涉及质量保修范围和内容未包含在《建设工程质量管理条例》，发包人与承包人可以补充约定。

质量保修期：《建设工程质量管理条例》第四十条规定："在正常使用条件下，建设工程的最低保修期限为：①基础设施工程、房屋建筑的地基基础工程和主体结构工程，为设计文件规定的该工程的合理使用年限；②屋面防水工程、有防水要求的卫生间、房间和外墙面的防渗漏，为5年；③供热与供冷系统，为2个采暖期、供冷期；④电气管线、给水排水管道、设备安装和装修工程，为2年。其他项目的保修期限由发包方与承包方约定。建设工程的保修期，自竣工验收合格之日起计算。"

缺陷责任期：《建设工程质量保证金管理办法》第二条第三款规定："缺陷责任期一般为1年，最长不超过2年，由发、承包双方在合同中约定。"

双方约定的其他工程质量保修事项：建议明确承担保修义务的具体联系人、地址与联系方式，并明确本合同约定的地址与联系方式为双方工作联系、工程文件、法律文书及争议解决时人民法院或仲裁机构的法律文书送达地址与联系方式，任何一方当事人按照约定地址送达的，视为有效送达。

附件4：

主要建设工程文件目录

文件名称	套数	费用/元	质量	移交时间	责任人

【填写说明】

该附表所指主要建设工程文件不限于承包人向发包人提交的竣工档案和技术资料。主要建设工程文件包括两部分：

1. 由发包人向承包人提供的建设工程文件，包括但不限于：①施工现场及工程施工所必需的毗邻区域内供水、排水、供电、供气、供热、通信、广播电视等地下管线资料，气象和水文观测资料，地质勘察资料，相邻建筑物、构筑物和地下工程等有关基础资料；②经审查合格的施工图纸；③发包人要求使用的国外标准和规范；④施工现场内外交通设施的技术参数和具体条件；⑤发包人资金来源证明；⑥测量基准点、基准线和水准点及其书面资料；⑦施工许可等各类审批及许可文件。

2. 由承包人向发包人提交的建设工程文件。包括但不限于：①经监理人审核批准的施工组织设计文件；②质量保证体系及措施计划；③安全技术措施和专项施工方案；④各类检验和验收记录；⑤申请进度款支付和竣工结算的计量文件；⑥提交竣工验收所需要的资料文件等。

质量：指提交工程文件的载体，如纸质或电子方式。

附件5：

承包人用于本工程施工的机械设备表

序号	机械或设备名称	规格型号	数量	产地	制造年份	额定功率/kW	生产能力	备注

【填写说明】

机械或设备名称、规格型号等：具体信息应根据相关机械设备的生产合格证、产品说明书等出厂资料具体填写。

备注：建议注明该设备是承包人自有还是租赁，若是租赁，写明租赁主要信息，如租期、租金数额等，以备发生工程窝工、延期时计算相应费用和损失。

附件 6：

承包人主要施工管理人员表

名称	姓名	职务	职称	主要资历、经验及承担过的项目
一、总 部 人 员				
项目主管				
其他人员				
二、现 场 人 员				
项目经理				
项目副经理				
技术负责人				
造价管理				
质量管理				
材料管理				
计划管理				
安全管理				
其他人员				

【填写说明】

承包人主要施工管理人员应当与其投标文件中的人员保持一致，并且应当符合法律法规及招标文件规定的资格要求。管理人员的资格证书应当在有效期限内。

附件 7：

分包人主要施工管理人员表

名称	姓名	职务	职称	主要资历、经验及承担过的项目
一、总 部 人 员				
项目主管				
其他人员				

续表

名称	姓名	职务	职称	主要资历、经验及承担过的项目
二、现 场 人 员				
项目经理				
项目副经理				
技术负责人				
造价管理				
质量管理				
材料管理				
计划管理				
安全管理				
其他人员				

【填写说明】

如果发包人在招标文件中明确工程非主体工程可以分包，且承包人在投标文件中已经明确工程拟分包人，则该分包人主要施工管理人员应当与投标文件中的分包人管理人员相一致；如果在合同履行过程中承包人决定将非主体工程分包，且经过发包人同意，则分包人主要施工管理人员应当报发包人备案。

附件8：

履 约 担 保

____________________（发包人名称）：

鉴于____________________（发包人名称，以下简称“发包人”）与____________________（承包人名称）（以下称“承包人”）于____年____月____日就____________________（工程名称）施工及有关事项协商一致共同签订《建设工程施工合同》。我方愿意无条件地、不可撤销地就承包人履行与你方签订的合同，向你方提供连带责任担保。

1. 担保金额人民币____________________（大写）元（¥____________________）。

2. 担保有效期自你方与承包人签订的合同生效之日起至你方签发或应签发工程接收证书之日止。

3. 在本担保有效期内，因承包人违反合同约定的义务给你方造成经济损失时，我方在收到你方以书面形式提出的在担保金额内的赔偿要求后，在7天内无条件支付。

4. 你方和承包人按合同约定变更合同时，我方承担本担保规定的义务不变。

5. 因本保函发生的纠纷，可由双方协商解决，协商不成的，任何一方均可提请____

________仲裁委员会仲裁。

6. 本保函自我方法定代表人（或其授权代理人）签字并加盖公章之日起生效。

担保人：______________________（盖单位章）

法定代表人或其委托代理人：__________（签字）

地　　址：______________________________

邮政编码：______________________________

电　　话：______________________________

传　　真：______________________________

____年____月____日

【填写说明】

担保金额：根据《招标投标法》规定，招标文件要求中标人提交履约保证金的，中标人应当提交。《招标投标法实施条例》第五十八条规定："招标文件要求中标人提交履约保证金的，中标人应当按照招标文件的要求提交。履约保证金不得超过中标合同金额的10%。"

应在专用条款和履约保函中明确发包人有权根据履约保函提出索赔的情形，例如：①承包人未按合同要求及时延长履约保证的有效期；②承包人未能及时向发包人支付应付的索赔款额；③承包人未能按要求及时修补缺陷；④由于承包人方的原因而使发包人提出终止合同。

发包人和承包人可以约定，若发包人索赔或提取承包人的履约担保，承包人应于担保被索赔或提取之日起28天之内补足担保金额。双方可以约定依据项目的进展，承包人是否有权要求解除部分履约担保。履约担保中涉及争议解决方式的，应与主合同中的约定保持一致。

附件9：

预付款担保

____________________（发包人名称）：

根据________________（承包人名称）（以下称"承包人"）与________________（发包人名称）（以下简称"发包人"）于____年____月____日签订的________________（工程名称）《建设工程施工合同》，承包人按约定的金额向你方提交一份预付款担保，即有权得到你方支付相等金额的预付款。我方愿意就你方提供给承包人的预付款为承包人提供连带责任担保。

1. 担保金额人民币（大写）________________元（¥________________）。

2. 担保有效期自预付款支付给承包人起生效，至你方签发的进度款支付证书说明已完全扣清止。

3. 在本保函有效期内，因承包人违反合同约定的义务而要求收回预付款时，我方在收到你方的书面通知后，在7天内无条件支付。但本保函的担保金额，在任何时候不应超过预付款金额减去你方按合同约定在向承包人签发的进度款支付证书中扣除的金额。

4. 你方和承包人按合同约定变更合同时，我方承担本保函规定的义务不变。

5. 因本保函发生的纠纷，可由双方协商解决，协商不成的，任何一方均可提请____________仲裁委员会仲裁。

6. 本保函自我方法定代表人（或其授权代理人）签字并加盖公章之日起生效。

担保人：________________（盖单位章）

法定代表人或其委托代理人：________（签字）

地　　址：________________

邮政编码：________________

电　　话：________________

传　　真：________________

____年____月____日

【填写说明】

1. 预付款担保中涉及争议解决方式的，应与主合同中的约定保持一致。

2. 随着预付款在进度付款中逐步扣回，应明确担保人是否有权要求相应减少预付款的担保金额。

附件10：

支付担保

________________（承包人）：

鉴于你方作为承包人已经与________________（发包人名称）（以下称“发包人”）于____年____月____日签订了________________（工程名称）《建设工程施工合同》（以下称“主合同”），应发包人的申请，我方愿就发包人履行主合同约定的工程款支付义务以保证的方式向你方提供如下担保：

一、保证的范围及保证金额

1. 我方的保证范围是主合同约定的工程款。

2. 本保函所称主合同约定的工程款是指主合同约定的除工程质量保证金以外的合同价款。

3. 我方保证的金额是主合同约定的工程款的____%，数额最高不超过人民币____元（大写：____）。

二、保证的方式及保证期间

1. 我方保证的方式为：连带责任保证。

2. 我方保证的期间为：自本合同生效之日起至主合同约定的工程款支付完毕之日后____日内。

3. 你方与发包人协议变更工程款支付日期的，经我方书面同意后，保证期间按照变更后的支付日期做相应调整。

三、承担保证责任的形式

我方承担保证责任的形式是代为支付。发包人未按主合同约定向你方支付工程款的，由我方在保证金额内代为支付。

四、代偿的安排

1. 你方要求我方承担保证责任的，应向我方发出书面索赔通知及发包人未支付主合同约定工程款的证明材料。索赔通知应写明要求索赔的金额，支付款项应到达的账号。

2. 在出现你方与发包人因工程质量发生争议，发包人拒绝向你方支付工程款的情形时，你方要求我方履行保证责任代为支付的，需提供符合相应条件要求的工程质量检测机构出具的质量说明材料。

3. 我方收到你方的书面索赔通知及相应的证明材料后7天内无条件支付。

五、保证责任的解除

1. 在本保函承诺的保证期间内，你方未书面向我方主张保证责任的，自保证期间届满次日起，我方保证责任解除。

2. 发包人按主合同约定履行了工程款的全部支付义务的，自本保函承诺的保证期间届满次日起，我方保证责任解除。

3. 我方按照本保函向你方履行保证责任所支付金额达到本保函保证金额时，自我方向你方支付（支付款项从我方账户划出）之日起，保证责任即解除。

4. 按照法律法规的规定或出现应解除我方保证责任的其他情形的，我方在本保函项下的保证责任亦解除。

5. 我方解除保证责任后，你方应自我方保证责任解除之日起____个工作日内，将本保函原件返还我方。

六、免责条款

1. 因你方违约致使发包人不能履行义务的，我方不承担保证责任。

2. 依照法律法规的规定或你方与发包人的另行约定，免除发包人部分或全部义务的，我方亦免除其相应的保证责任。

3. 你方与发包人协议变更主合同的，如加重发包人责任致使我方保证责任加重的，需征得我方书面同意，否则我方不再承担因此而加重部分的保证责任，但主合同“变更”条款约定的变更不受本款限制。

4. 因不可抗力造成发包人不能履行义务的，我方不承担保证责任。

七、争议解决

因本保函或本保函相关事项发生的纠纷，可由双方协商解决，协商不成的，按下列第____种方式解决：

（1）向____仲裁委员会申请仲裁。

（2）向____人民法院起诉。

八、保函的生效

本保函自我方法定代表人（或其授权代理人）签字并加盖公章之日起生效。

担保人：________________（盖章）

法定代表人或委托代理人：________（签字）

地　　址：________________

邮政编码：________________

传　　真：________________

____年____月____日

【填写说明】

支付担保中涉及争议解决方式的，应与主合同中的约定保持一致。

随着进度款逐步支付，应明确担保人是否有权要求相应减少担保金额。

附件11：暂估价一览表

11－1　材料暂估价表

序号	名　称	单位	数量	单价/元	合价/元	备注

11－2　工程设备暂估价表

序号	名　称	单位	数量	单价/元	合价/元	备注

11－3　专业工程暂估价表

序号	专业工程名称	工程内容	金额/元
小计			

【填写说明】

上述表格中的材料和设备暂估单价应注明是否为含税单价。

根据《必须招标的工程项目规定》，与工程建设有关的重要设备、材料等的采购，若单项合同估算价在200万元人民币以上的，必须进行招标。材料暂估价表、工程设备暂估价表中的备注部分应明确是否达到必须进行招标的标准，且应明确招标的具体组织方式，包括承包人自行招标或承包人与发包人共同招标等。

6.3　建设工程施工合同的主要内容

6.3.1　一般约定

6.3.1.1　词语定义与解释

《示范文本》中赋予了合同协议书、通用合同条款、专用合同条款中的下列词语具有的含义。

1. 合同文件

(1) 合同。指根据法律规定和合同当事人约定具有约束力的文件，构成合同的文件包括合同协议书、中标通知书（如果有）、投标函及其附录（如果有）、专用合同条款及其附件、通用合同条款、技术标准和要求、图纸、已标价工程量清单或预算书以及其他合同文件。

(2) 合同协议书。指构成合同的由发包人和承包人共同签署的称为“合同协议书”的书面文件。

(3) 中标通知书。指构成合同的由发包人通知承包人中标的书面文件。

(4) 投标函。指构成合同的由承包人填写并签署的用于投标的称为“投标函”的文件。

(5) 投标函附录。指构成合同的附在投标函后的称为“投标函附录”的文件。

(6) 技术标准和要求。指构成合同的施工应当遵守的或指导施工的国家、行业或地方的技术标准和要求，以及合同约定的技术标准和要求。

(7) 图纸。指构成合同的图纸，包括由发包人按照合同约定提供或经发包人批准的设计文件、施工图、鸟瞰图及模型等，以及在合同履行过程中形成的图纸文件。图纸应当按照法律规定审查合格。

(8) 已标价工程量清单。指构成合同的由承包人按照规定的格式和要求填写并标明价格的工程量清单，包括说明和表格。

(9) 预算书。指构成合同的由承包人按照发包人规定的格式和要求编制的工程预算文件。

(10) 其他合同文件。指经合同当事人约定的与工程施工有关的具有合同约束力的文件或书面协议。合同当事人可以在专用合同条款中进行约定。

2. 合同当事人及其他相关方

(1) 合同当事人。指发包人和（或）承包人。

(2) 发包人。指与承包人签订合同协议书的当事人及取得该当事人资格的合法继承人。

(3) 承包人。指与发包人签订合同协议书的，具有相应工程施工承包资质的当事人及取得该当事人资格的合法继承人。

(4) 监理人。指在专用合同条款中指明的，受发包人委托按照法律规定进行工程监督管理的法人或其他组织。

(5) 设计人。指在专用合同条款中指明的，受发包人委托负责工程设计并具备相应工程设计资质的法人或其他组织。

(6) 分包人。指按照法律规定和合同约定，分包部分工程或工作，并与承包人签订分包合同的具有相应资质的法人。

(7) 发包人代表。指由发包人任命并派驻施工现场在发包人授权范围内行使发包人权利的人。

(8) 项目经理。指由承包人任命并派驻施工现场，在承包人授权范围内负责合同履行，且按照法律规定具有相应资格的项目负责人。

(9) 总监理工程师。指由监理人任命并派驻施工现场进行工程监理的总负责人。

3. 工程和设备

(1) 工程。指与合同协议书中工程承包范围对应的永久工程和（或）临时工程。

(2) 永久工程。指按合同约定建造并移交给发包人的工程，包括工程设备。

(3) 临时工程。指为完成合同约定的永久工程所修建的各类临时性工程，不包括施工设备。

（4）单位工程。指在合同协议书中指明的，具备独立施工条件并能形成独立使用功能的永久工程。

（5）工程设备。指构成永久工程的机电设备、金属结构设备、仪器及其他类似的设备和装置。

（6）施工设备。指为完成合同约定的各项工作所需的设备、器具和其他物品，但不包括工程设备、临时工程和材料。

（7）施工现场。指用于工程施工的场所，以及在专用合同条款中指明作为施工场所组成部分的其他场所，包括永久占地和临时占地。

（8）临时设施。指为完成合同约定的各项工作所服务的临时性生产和生活设施。

（9）永久占地。指专用合同条款中指明为实施工程需永久占用的土地。

（10）临时占地。指专用合同条款中指明为实施工程需要临时占用的土地。

4. 日期和期限

（1）开工日期。包括计划开工日期和实际开工日期。计划开工日期是指合同协议书约定的开工日期；实际开工日期是指监理人按照开工通知约定发出的符合法律规定的开工通知中载明的开工日期。

（2）竣工日期。包括计划竣工日期和实际竣工日期。计划竣工日期是指合同协议书约定的竣工日期；实际竣工日期指竣工验收合格的日期。工程经竣工验收合格的，以承包人提交竣工验收申请报告之日为实际竣工日期，并在工程接收证书中载明；因发包人原因，未在监理人收到承包人提交的竣工验收申请报告42天内完成竣工验收，或完成竣工验收不予签发工程接收证书的，以提交竣工验收申请报告的日期为实际竣工日期；工程未经竣工验收，发包人擅自使用的，以转移占有工程之日为实际竣工日期。

（3）工期。指在合同协议书约定的承包人完成工程所需的期限，包括按照合同约定所作的期限变更。

（4）缺陷责任期。指承包人按照合同约定承担缺陷修复义务，且发包人预留质量保证金（已缴纳履约保证金的除外）的期限，自工程实际竣工日期起计算。

（5）保修期。指承包人按照合同约定对工程承担保修责任的期限，从工程竣工验收合格之日起计算。

（6）基准日期。招标发包的工程以投标截止日前28天的日期为基准日期，直接发包的工程以合同签订日前28天的日期为基准日期。

（7）天。除特别指明外，均指日历天。合同中按天计算时间的，开始当天不计入，从次日开始计算，期限最后一天截至当天24：00。

5. 合同价格和费用

（1）签约合同价。指发包人和承包人在合同协议书中确定的总金额，包括安全文明施工费、暂估价及暂列金额等。

（2）合同价格。指发包人用于支付承包人按照合同约定完成承包范围内全部工作的金额，包括合同履行过程中按合同约定发生的价格变化。

（3）费用。指为履行合同所发生的或将要发生的所有必需的开支，包括管理费和应分摊的其他费用，但不包括利润。

（4）暂估价。指发包人在工程量清单或预算书中提供的用于支付必然发生但暂时不能确定价格的材料、工程设备的单价、专业工程以及服务工作的金额。

（5）暂列金额。指发包人在工程量清单或预算书中暂定并包括在合同价格中的一笔款项，用于工程合同签订时尚未确定或者不可预见的所需材料、工程设备、服务的采购，施工中可能发生的工程变更、合同约定调整因素出现时的合同价格调整以及发生的索赔、现场签证确认等的费用。

（6）计日工。指合同履行过程中，承包人完成发包人提出的零星工作或需要采用计日工计价的变更工作时，按合同中约定的单价计价的一种方式。

（7）质量保证金。指承包人用于保证其在缺陷责任期内履行缺陷修补义务的担保。

（8）总价项目。指在现行国家、行业以及地方的计量规则中无工程量计算规则，在已标价工程量清单或预算书中以总价或以费率形式计算的项目。

6. 其他

书面形式。指合同文件、信函、电报、传真等可以有形地表现所载内容的形式。

6.3.1.2　标准和规范

（1）适用于工程的国家标准、行业标准、工程所在地的地方性标准，以及相应的规范、规程等，合同当事人有特别要求的，应在专用合同条款中约定。

（2）发包人要求使用国外标准、规范的，发包人负责提供原文版本和中文译本，并在专用合同条款中约定提供标准规范的名称、份数和时间。

（3）发包人对工程的技术标准、功能要求高于或严于现行国家、行业或地方标准的，应当在专用合同条款中予以明确。除专用合同条款另有约定外，应视为承包人在签订合同前已充分预见前述技术标准和功能要求的复杂程度，签约合同价中已包含由此产生的费用。

6.3.1.3　合同文件的优先顺序

组成合同的各项文件应互相解释，互为说明。除专用合同条款另有约定外，解释合同文件的优先顺序如下：

（1）合同协议书。

（2）中标通知书（如果有）。

（3）投标函及其附录（如果有）。

（4）专用合同条款及其附件。

（5）通用合同条款。

（6）技术标准和要求。

（7）图纸。

（8）已标价工程量清单或预算书。

（9）其他合同文件。

上述各项合同文件包括合同当事人就该项合同文件所作出的补充和修改，属于同一类内容的文件，应以最新签署的为准。

在合同订立及履行过程中形成的与合同有关的文件均构成合同文件组成部分，并根据其性质确定优先解释顺序。

6.3.1.4　图纸和承包人文件

1. 图纸的提供和交底

发包人应按照专用合同条款约定的期限、数量和内容向承包人免费提供图纸，并组织承包人、监理人和设计人进行图纸会审和设计交底。发包人至迟不得晚于开工通知载明的开工日期前14天向承包人提供图纸。

因发包人未按合同约定提供图纸导致承包人费用增加和（或）工期延误的，按照《示范文本》中因发包人原因导致工期延误的约定办理。

2. 图纸的错误

承包人在收到发包人提供的图纸后，发现图纸存在差错、遗漏或缺陷的，应及时通知监理人。监理人接到该通知后，应附具相关意见并立即报送发包人，发包人应在收到监理人报送的通知后的合理时间内作出决定。合理时间是指发包人在收到监理人的报送通知后，尽其努力且不懈怠地完成图纸修改、补充所需的时间。

3. 图纸的修改和补充

图纸需要修改和补充的，应经图纸原设计人及审批部门同意，并由监理人在工程或工程相应部位施工前将修改后的图纸或补充图纸提交给承包人，承包人应按修改或补充后的图纸施工。

4. 承包人文件

承包人应按照专用合同条款的约定提供应当由其编制的与工程施工有关的文件，并按照专用合同条款约定的期限、数量和形式提交监理人，并由监理人报送发包人。

除专用合同条款另有约定外，监理人应在收到承包人文件后7天内审查完毕，监理人对承包人文件有异议的，承包人应予以修改，并重新报送监理人。监理人的审查并不减轻或免除承包人根据合同约定应当承担的责任。

5. 图纸和承包人文件的保管

除专用合同条款另有约定外，承包人应在施工现场另外保存一套完整的图纸和承包人文件，供发包人、监理人及有关人员进行工程检查时使用。

6.3.1.5　联络

（1）与合同有关的通知、批准、证明、证书、指示、指令、要求、请求、同意、意见、确定和决定等，均应采用书面形式，并应在合同约定的期限内送达接收人和送达地点。

（2）发包人和承包人应在专用合同条款中约定各自的送达接收人和送达地点。任何一方合同当事人指定的接收人或送达地点发生变动的，应提前3天以书面形式通知对方。

（3）发包人和承包人应当及时签收另一方送达至送达地点和指定接收人的来往信函。拒不签收的，由此增加的费用和（或）延误的工期由拒绝接收一方承担。

6.3.1.6　严禁贿赂

合同当事人不得以贿赂或变相贿赂的方式，谋取非法利益或损害对方权益。因一方合同当事人的贿赂造成对方损失的，应赔偿损失，并承担相应的法律责任。

承包人不得与监理人或发包人聘请的第三方串通损害发包人利益。未经发包人书面同意，承包人不得为监理人提供合同约定以外的通讯设备、交通工具及其他任何形式的利益，不得向监理人支付报酬。

6.3.1.7　化石、文物

在施工现场发掘的所有文物、古迹以及具有地质研究或考古价值的其他遗迹、化石、钱币或物品属于国家所有。一旦发现上述文物，承包人应采取合理有效的保护措施，防止任何人员移动或损坏上述物品，并立即报告有关政府行政管理部门，同时通知监理人。

发包人、监理人和承包人应按有关政府行政管理部门要求采取妥善的保护措施，由此增加的费用和（或）延误的工期由发包人承担。

承包人发现文物后不及时报告或隐瞒不报，致使文物丢失或损坏的，应赔偿损失，并承担相应的法律责任。

6.3.1.8　交通运输

1. 出入现场的权利

除专用合同条款另有约定外，发包人应根据施工需要，负责取得出入施工现场所需的批准手续和全部权利，以及取得因施工所需修建道路、桥梁以及其他基础设施的权利，并承担相关手续费用和建设费用。承包人应协助发包人办理修建场内外道路、桥梁以及其他基础设施的手续。

承包人应在订立合同前查勘施工现场，并根据工程规模及技术参数合理预见工程施工所需的进出施工现场的方式、手段、路径等。因承包人未合理预见所增加的费用和（或）延误的工期由承包人承担。

2. 场外交通

发包人应提供场外交通设施的技术参数和具体条件，承包人应遵守有关交通法规，严格按照道路和桥梁的限制荷载行驶，执行有关道路限速、限行、禁止超载的规定，并配合交通管理部门的监督和检查。场外交通设施无法满足工程施工需要的，由发包人负责完善并承担相关费用。

3. 场内交通

发包人应提供场内交通设施的技术参数和具体条件，并应按照专用合同条款的约定向承包人免费提供满足工程施工所需的场内道路和交通设施。因承包人原因造成上述道路或交通设施损坏的，承包人负责修复并承担由此增加的费用。

除发包人按照合同约定提供的场内道路和交通设施外，承包人负责修建、维修、养护和管理施工所需的其他场内临时道路和交通设施。发包人和监理人可以为实现合同目的使用承包人修建的场内临时道路和交通设施。

场外交通和场内交通的边界由合同当事人在专用合同条款中约定。

4. 超大件和超重件的运输

由承包人负责运输的超大件或超重件，应由承包人负责向交通管理部门办理申请手续，发包人给予协助。运输超大件或超重件所需的道路和桥梁临时加固改造费用和其他有关费用，由承包人承担，但专用合同条款另有约定的除外。

5. 道路和桥梁的损坏责任

因承包人运输造成施工场地内外公共道路和桥梁损坏的，由承包人承担修复损坏的全部费用和可能引起的赔偿。

6. 水路和航空运输

6.3.1.8 交通运输中各项的内容适用于水路运输和航空运输，其中“道路”一词的含义包括河道、航线、船闸、机场、码头、堤防以及水路或航空运输中其他相似结构物；“车辆”一词的涵义包括船舶和飞机等。

6.3.1.9 知识产权

（1）除专用合同条款另有约定外，发包人提供给承包人的图纸、发包人为实施工程自行编制或委托编制的技术规范以及反映发包人要求的或其他类似性质的文件的著作权属于发包人，承包人可以为实现合同目的而复制、使用此类文件，但不能用于与合同无关的其他事项。未经发包人书面同意，承包人不得为了合同以外的目的而复制、使用上述文件或将之提供给任何第三方。

（2）除专用合同条款另有约定外，承包人为实施工程所编制的文件，除署名权以外的著作权属于发包人，承包人可因实施工程的运行、调试、维修、改造等目的而复制、使用此类文件，但不能用于与合同无关的其他事项。未经发包人书面同意，承包人不得为了合同以外的目的而复制、使用上述文件或将之提供给任何第三方。

（3）合同当事人保证在履行合同过程中不侵犯对方及第三方的知识产权。承包人在使用材料、施工设备、工程设备或采用施工工艺时，因侵犯他人的专利权或其他知识产权所引起的责任，由承包人承担；因发包人提供的材料、施工设备、工程设备或施工工艺导致侵权的，由发包人承担责任。

（4）除专用合同条款另有约定外，承包人在合同签订前和签订时已确定采用的专利、专有技术、技术秘密的使用费已包含在签约合同价中。

6.3.1.10 保密

除法律规定或合同另有约定外，未经发包人同意，承包人不得将发包人提供的图纸、文件以及声明需要保密的资料信息等商业秘密泄露给第三方。

除法律规定或合同另有约定外，未经承包人同意，发包人不得将承包人提供的技术秘密及声明需要保密的资料信息等商业秘密泄露给第三方。

6.3.1.11 工程量清单错误的修正

除专用合同条款另有约定外，发包人提供的工程量清单，应被认为是准确的和完整的。出现下列情形之一时，发包人应予以修正，并相应调整合同价格：

（1）工程量清单存在缺项、漏项的。

（2）工程量清单偏差超出专用合同条款约定的工程量偏差范围的。

（3）未按照国家现行计量规范强制性规定计量的。

6.3.2 发包人主要工作

1. 许可或批准

发包人应遵守法律，并办理法律规定由其办理的许可、批准或备案，包括但不限于建设用地规划许可证、建设工程规划许可证、建设工程施工许可证、施工所需临时用水、临时用电、中断道路交通、临时占用土地等许可和批准。发包人应协助承包人办理法律规定的有关施工证件和批件。

因发包人原因未能及时办理完毕前述许可、批准或备案，由发包人承担由此增加的费用和（或）延误的工期，并支付承包人合理的利润。

2. 发包人代表

发包人应在专用合同条款中明确其派驻施工现场的发包人代表的姓名、职务、联系方式及授权范围等事项。发包人代表在发包人的授权范围内，负责处理合同履行过程中与发包人有关的具体事宜。发包人代表在授权范围内的行为由发包人承担法律责任。发包人更换发包人代表的，应提前7天书面通知承包人。

发包人代表不能按照合同约定履行其职责及义务，并导致合同无法继续正常履行的，承包人可以要求发包人撤换发包人代表。

不属于法定必须监理的工程，监理人的职权可以由发包人代表或发包人指定的其他人员行使。

3. 发包人人员

发包人应要求在施工现场的发包人人员遵守法律及有关安全、质量、环境保护、文明施工等规定，并保障承包人免于承受因发包人人员未遵守上述要求给承包人造成的损失和责任。

发包人人员包括发包人代表及其他由发包人派驻施工现场的人员。

4. 施工现场、施工条件和基础资料的提供

（1）提供施工现场。除专用合同条款另有约定外，发包人应最迟于开工日期7天前向承包人移交施工现场。

（2）提供施工条件。除专用合同条款另有约定外，发包人应负责提供施工所需要的条件，包括：

1）将施工用水、电力、通信线路等施工所必需的条件接至施工现场内。

2）保证向承包人提供正常施工所需要的进入施工现场的交通条件。

3）协调处理施工现场周围地下管线和邻近建筑物、构筑物、古树名木的保护工作，并承担相关费用。

4）按照专用合同条款约定应提供的其他设施和条件。

（3）提供基础资料。发包人应当在移交施工现场前向承包人提供施工现场及工程施工所必需的毗邻区域内供水、排水、供电、供气、供热、通信、广播电视等地下管线资料，气象和水文观测资料，地质勘察资料，相邻建筑物、构筑物和地下工程等有关基础资料，并对所提供资料的真实性、准确性和完整性负责。

按照法律规定确需在开工后方能提供的基础资料，发包人应尽其努力及时地在相应工程施工前的合理期限内提供，合理期限应以不影响承包人的正常施工为限。

（4）逾期提供的责任。因发包人原因未能按合同约定及时向承包人提供施工现场、施工条件、基础资料的，由发包人承担由此增加的费用和（或）延误的工期。

5. 资金来源证明及支付担保

除专用合同条款另有约定外，发包人应在收到承包人要求提供资金来源证明的书面通知后28天内，向承包人提供能够按照合同约定支付合同价款的相应资金来源证明。

除专用合同条款另有约定外，发包人要求承包人提供履约担保的，发包人应当向承包

人提供支付担保。支付担保可以采用银行保函或担保公司担保等形式，具体由合同当事人在专用合同条款中约定。

6. 支付合同价款

发包人应按合同约定向承包人及时支付合同价款。

7. 组织竣工验收

发包人应按合同约定及时组织竣工验收。

8. 现场统一管理协议

发包人应与承包人、由发包人直接发包的专业工程的承包人签订施工现场统一管理协议，明确各方的权利义务。施工现场统一管理协议作为专用合同条款的附件。

6.3.3 承包人义务和主要工作

1. 承包人的一般义务

承包人在履行合同过程中应遵守法律和工程建设标准规范，并履行以下义务：

(1) 办理法律规定应由承包人办理的许可和批准，并将办理结果书面报送发包人留存。

(2) 按法律规定和合同约定完成工程，并在保修期内承担保修义务。

(3) 按法律规定和合同约定采取施工安全和环境保护措施，办理工伤保险，确保工程及人员、材料、设备和设施的安全。

(4) 按合同约定的工作内容和施工进度要求，编制施工组织设计和施工措施计划，并对所有施工作业和施工方法的完备性和安全可靠性负责。

(5) 在进行合同约定的各项工作时，不得侵害发包人与他人使用公用道路、水源、市政管网等公共设施的权利，避免对邻近的公共设施产生干扰。承包人占用或使用他人的施工场地，影响他人作业或生活的，应承担相应责任。

(6) 按照《示范文本》中环境保护的约定负责施工场地及其周边环境与生态的保护工作。

(7) 按《示范文本》中安全文明施工的约定采取施工安全措施，确保工程及其人员、材料、设备和设施的安全，防止因工程施工造成的人身伤害和财产损失。

(8) 将发包人按合同约定支付的各项价款专用于合同工程，且应及时支付其雇用人员工资，并及时向分包人支付合同价款。

(9) 按照法律规定和合同约定编制竣工资料，完成竣工资料立卷及归档，并按专用合同条款约定的竣工资料的套数、内容、时间等要求移交发包人。

(10) 应履行的其他义务。

2. 项目经理的资格、职权和更换

(1) 项目经理应为合同当事人所确认的人选，并在专用合同条款中明确项目经理的姓名、职称、注册执业证书编号、联系方式及授权范围等事项，项目经理经承包人授权后代表承包人负责履行合同。项目经理应是承包人正式聘用的员工，承包人应向发包人提交项目经理与承包人之间的劳动合同，以及承包人为项目经理缴纳社会保险的有效证明。承包人不提交上述文件的，项目经理无权履行职责，发包人有权要求更换项目经理，由此增加的费用和（或）延误的工期由承包人承担。

项目经理应常驻施工现场，且每月在施工现场时间不得少于专用合同条款约定的天数。项目经理不得同时担任其他项目的项目经理。项目经理确需离开施工现场时，应事先通知监理人，并取得发包人的书面同意。项目经理的通知中应当载明临时代行其职责的人员的注册执业资格、管理经验等资料，该人员应具备履行相应职责的能力。

承包人违反上述约定的，应按照专用合同条款的约定，承担违约责任。

（2）项目经理按合同约定组织工程实施。在紧急情况下为确保施工安全和人员安全，在无法与发包人代表和总监理工程师及时取得联系时，项目经理有权采取必要的措施保证与工程有关的人身、财产和工程的安全，但应在48小时内向发包人代表和总监理工程师提交书面报告。

（3）承包人需要更换项目经理的，应提前14天书面通知发包人和监理人，并征得发包人书面同意。通知中应当载明继任项目经理的注册执业资格、管理经验等资料，继任项目经理继续履行上述第（1）项约定的职责。未经发包人书面同意，承包人不得擅自更换项目经理。承包人擅自更换项目经理的，应按照专用合同条款的约定承担违约责任。

（4）发包人有权书面通知承包人更换其认为不称职的项目经理，通知中应当载明要求更换的理由。承包人应在接到更换通知后14天内向发包人提出书面的改进报告。发包人收到改进报告后仍要求更换的，承包人应在接到第二次更换通知的28天内进行更换，并将新任命的项目经理的注册执业资格、管理经验等资料书面通知发包人。继任项目经理继续履行上述第（1）项约定的职责。承包人无正当理由拒绝更换项目经理的，应按照专用合同条款的约定承担违约责任。

（5）项目经理因特殊情况授权其下属人员履行其某项工作职责的，该下属人员应具备履行相应职责的能力，并应提前7天将上述人员的姓名和授权范围书面通知监理人，并征得发包人书面同意。

3. 承包人人员约定

（1）除专用合同条款另有约定外，承包人应在接到开工通知后7天内，向监理人提交承包人项目管理机构及施工现场人员安排的报告，其内容应包括合同管理、施工、技术、材料、质量、安全、财务等主要施工管理人员名单及其岗位、注册执业资格等，以及各工种技术工人的安排情况，并同时提交主要施工管理人员与承包人之间的劳动关系证明和缴纳社会保险的有效证明。

（2）承包人派驻到施工现场的主要施工管理人员应相对稳定。施工过程中如有变动，承包人应及时向监理人提交施工现场人员变动情况的报告。承包人更换主要施工管理人员时，应提前7天书面通知监理人，并征得发包人书面同意。通知中应当载明继任人员的注册执业资格、管理经验等资料。

特殊工种作业人员均应持有相应的资格证明，监理人可以随时检查。

（3）发包人对于承包人主要施工管理人员的资格或能力有异议的，承包人应提供资料证明被质疑人员有能力完成其岗位工作或不存在发包人所质疑的情形。发包人要求撤换不能按照合同约定履行职责及义务的主要施工管理人员的，承包人应当撤换。承包人无正当理由拒绝撤换的，应按照专用合同条款的约定承担违约责任。

(4) 除专用合同条款另有约定外，承包人的主要施工管理人员离开施工现场每月累计不超过5天的，应报监理人同意；离开施工现场每月累计超过5天的，应通知监理人，并征得发包人书面同意。主要施工管理人员离开施工现场前应指定一名有经验的人员临时代行其职责，该人员应具备履行相应职责的资格和能力，且应征得监理人或发包人的同意。

(5) 承包人擅自更换主要施工管理人员，或前述人员未经监理人或发包人同意擅自离开施工现场的，应按照专用合同条款约定承担违约责任。

4. 承包人现场查勘

承包人应对基于发包人按照《示范文本》中提供基础资料所作出的解释和推断负责，但因基础资料存在错误、遗漏导致承包人解释或推断失实的，由发包人承担责任。

承包人应对施工现场和施工条件进行查勘，并充分了解工程所在地的气象条件、交通条件、风俗习惯以及其他与完成合同工作有关的其他资料。因承包人未能充分查勘、了解前述情况或未能充分估计前述情况所可能产生后果的，承包人承担由此增加的费用和(或) 延误的工期。

5. 分包

(1) 分包的一般约定。承包人不得将其承包的全部工程转包给第三人，或将其承包的全部工程肢解后以分包的名义转包给第三人。承包人不得将工程主体结构、关键性工作及专用合同条款中禁止分包的专业工程分包给第三人，主体结构、关键性工作的范围由合同当事人按照法律规定在专用合同条款中予以明确。

承包人不得以劳务分包的名义转包或违法分包工程。

(2) 分包的确定。承包人应按专用合同条款的约定进行分包，确定分包人。已标价工程量清单或预算书中给定暂估价的专业工程，按照《示范文本》中暂估价确定分包人。按照合同约定进行分包的，承包人应确保分包人具有相应的资质和能力。工程分包不减轻或免除承包人的责任和义务，承包人和分包人就分包工程向发包人承担连带责任。除合同另有约定外，承包人应在分包合同签订后7天内向发包人和监理人提交分包合同副本。

(3) 分包管理。承包人应向监理人提交分包人的主要施工管理人员表，并对分包人的施工人员进行实名制管理，包括但不限于进出场管理、登记造册以及各种证照的办理。

(4) 分包合同价款。

1) 除本项第2) 款约定的情况或专用合同条款另有约定外，分包合同价款由承包人与分包人结算，未经承包人同意，发包人不得向分包人支付分包工程价款。

2) 生效法律文书要求发包人向分包人支付分包合同价款的，发包人有权从应付承包人工程款中扣除该部分款项。

(5) 分包合同权益的转让。分包人在分包合同项下的义务持续到缺陷责任期届满以后的，发包人有权在缺陷责任期届满前，要求承包人将其在分包合同项下的权益转让给发包人，承包人应当转让。除转让合同另有约定外，转让合同生效后，由分包人向发包人履行义务。

6. 工程照管与成品、半成品保护

(1) 除专用合同条款另有约定外，自发包人向承包人移交施工现场之日起，承包人应负责照管工程及工程相关的材料、工程设备，直到颁发工程接收证书之日止。

(2) 在承包人负责照管期间，因承包人原因造成工程、材料、工程设备损坏的，由承包人负责修复或更换，并承担由此增加的费用和（或）延误的工期。

(3) 对合同内分期完成的成品和半成品，在工程接收证书颁发前，由承包人承担保护责任。因承包人原因造成成品或半成品损坏的，由承包人负责修复或更换，并承担由此增加的费用和（或）延误的工期。

7. 履约担保

发包人需要承包人提供履约担保的，由合同当事人在专用合同条款中约定履约担保的方式、金额及期限等。履约担保可以采用银行保函或担保公司担保等形式，具体由合同当事人在专用合同条款中约定。

因承包人原因导致工期延长的，继续提供履约担保所增加的费用由承包人承担；非因承包人原因导致工期延长的，继续提供履约担保所增加的费用由发包人承担。

8. 联合体承包

(1) 联合体各方应共同与发包人签订合同协议书。联合体各方应为履行合同向发包人承担连带责任。

(2) 联合体协议经发包人确认后作为合同附件。在履行合同过程中，未经发包人同意，不得修改联合体协议。

(3) 联合体牵头人负责与发包人和监理人联系，并接受指示，负责组织联合体各成员全面履行合同。

6.3.4 监理人的一般规定和主要工作

1. 监理人的一般规定

工程实行监理的，发包人和承包人应在专用合同条款中明确监理人的监理内容及监理权限等事项。监理人应当根据发包人授权及法律规定，代表发包人对工程施工相关事项进行检查、查验、审核、验收，并签发相关指示，但监理人无权修改合同，且无权减轻或免除合同约定的承包人的任何责任与义务。

除专用合同条款另有约定外，监理人在施工现场的办公场所、生活场所由承包人提供，所发生的费用由发包人承担。

2. 监理人员约定

发包人授予监理人对工程实施监理的权利由监理人派驻施工现场的监理人员行使，监理人员包括总监理工程师及监理工程师。监理人应将授权的总监理工程师和监理工程师的姓名及授权范围以书面形式提前通知承包人。更换总监理工程师的，监理人应提前 7 天书面通知承包人；更换其他监理人员，监理人应提前 48 小时书面通知承包人。

3. 监理人的指示

监理人应按照发包人的授权发出监理指示。监理人的指示应采用书面形式，并经其授权的监理人员签字。紧急情况下，为了保证施工人员的安全或避免工程受损，监理人员可以口头形式发出指示，该指示与书面形式的指示具有同等法律效力，但必须在发出口头指示后 24 小时内补发书面监理指示，补发的书面监理指示应与口头指示一致。

监理人发出的指示应送达承包人项目经理或经项目经理授权接收的人员。因监理人未能按合同约定发出指示、指示延误或发出了错误指示而导致承包人费用增加和（或）工期延误的，由发包人承担相应责任。除专用合同条款另有约定外，总监理工程师不应将《示范文本》中“商定或确定”条款约定的应由总监理工程师作出确定的权力授权或委托给其他监理人员。

承包人对监理人发出的指示有疑问的，应向监理人提出书面异议，监理人应在48小时内对该指示予以确认、更改或撤销，监理人逾期未回复的，承包人有权拒绝执行上述指示。

监理人对承包人的任何工作、工程或其采用的材料和工程设备未在约定的或合理期限内提出意见的，视为批准，但不免除或减轻承包人对该工作、工程、材料、工程设备等应承担的责任和义务。

4. 商定或确定

合同当事人进行商定或确定时，总监理工程师应当会同合同当事人尽量通过协商达成一致，不能达成一致的，由总监理工程师按照合同约定审慎作出公正的确定。

总监理工程师应将确定以书面形式通知发包人和承包人，并附详细依据。合同当事人对总监理工程师的确定没有异议的，按照总监理工程师的确定执行。任何一方合同当事人有异议，按照《示范文本》中争议解决的约定处理。争议解决前，合同当事人暂按总监理工程师的确定执行；争议解决后，争议解决的结果与总监理工程师的确定不一致的，按照争议解决的结果执行，由此造成的损失由责任人承担。

6.3.5 质量管理条款

1. 质量要求

(1) 工程质量标准必须符合现行国家有关工程施工质量验收规范和标准的要求。有关工程质量的特殊标准或要求由合同当事人在专用合同条款中约定。

(2) 因发包人原因造成工程质量未达到合同约定标准的，由发包人承担由此增加的费用和（或）延误的工期，并支付承包人合理的利润。

(3) 因承包人原因造成工程质量未达到合同约定标准的，发包人有权要求承包人返工直至工程质量达到合同约定的标准为止，并由承包人承担由此增加的费用和（或）延误的工期。

2. 质量保证措施

(1) 发包人的质量管理。发包人应按照法律规定及合同约定完成与工程质量有关的各项工作。

(2) 承包人的质量管理。承包人按照《示范文本》中施工组织设计的约定向发包人和监理人提交工程质量保证体系及措施文件，建立完善的质量检查制度，并提交相应的工程质量文件。对于发包人和监理人违反法律规定和合同约定的错误指示，承包人有权拒绝实施。

承包人应对施工人员进行质量教育和技术培训，定期考核施工人员的劳动技能，严格执行施工规范和操作规程。

承包人应按照法律规定和发包人的要求，对材料、工程设备以及工程的所有部位及其施工工艺进行全过程的质量检查和检验，并作详细记录，编制工程质量报表，报送监理人审查。此外，承包人还应按照法律规定和发包人的要求，进行施工现场取样试验、工程复核测量和设备性能检测，提供试验样品、提交试验报告和测量成果以及其他工作。

（3）监理人的质量检查和检验。监理人按照法律规定和发包人授权对工程的所有部位及其施工工艺、材料和工程设备进行检查和检验。承包人应为监理人的检查和检验提供方便，包括监理人到施工现场，或制造、加工地点，或合同约定的其他地方进行察看和查阅施工原始记录。监理人为此进行的检查和检验，不免除或减轻承包人按照合同约定应当承担的责任。

监理人的检查和检验不应影响施工正常进行。监理人的检查和检验影响施工正常进行的，且经检查检验不合格的，影响正常施工的费用由承包人承担，工期不予顺延；经检查检验合格的，由此增加的费用和（或）延误的工期由发包人承担。

3. 隐蔽工程检查

（1）承包人自检。承包人应当对工程隐蔽部位进行自检，并经自检确认是否具备覆盖条件。

（2）检查程序。除专用合同条款另有约定外，工程隐蔽部位经承包人自检确认具备覆盖条件的，承包人应在共同检查前 48 小时内书面通知监理人检查，通知中应载明隐蔽检查的内容、时间和地点，并应附有自检记录和必要的检查资料。

监理人应按时到场并对隐蔽工程及其施工工艺、材料和工程设备进行检查。经监理人检查确认质量符合隐蔽要求，并在验收记录上签字后，承包人才能进行覆盖。经监理人检查质量不合格的，承包人应在监理人指示的时间内完成修复，并由监理人重新检查，由此增加的费用和（或）延误的工期由承包人承担。

除专用合同条款另有约定外，监理人不能按时进行检查的，应在检查前 24 小时向承包人提交书面延期要求，但延期不能超过 48 小时，由此导致工期延误的，工期应予以顺延。监理人未按时进行检查，也未提出延期要求的，视为隐蔽工程检查合格，承包人可自行完成覆盖工作，并作相应记录报送监理人，监理人应签字确认。监理人事后对检查记录有疑问的，可按《示范文本》中重新检查的约定重新检查。

（3）重新检查。承包人覆盖工程隐蔽部位后，发包人或监理人对质量有疑问的，可要求承包人对已覆盖的部位进行钻孔探测或揭开重新检查，承包人应遵照执行，并在检查后重新覆盖恢复原状。经检查证明工程质量符合合同要求的，由发包人承担由此增加的费用和（或）延误的工期，并支付承包人合理的利润；经检查证明工程质量不符合合同要求的，由此增加的费用和（或）延误的工期由承包人承担。

（4）承包人私自覆盖。承包人未通知监理人到场检查，私自将工程隐蔽部位覆盖的，监理人有权指示承包人钻孔探测或揭开检查，无论工程隐蔽部位质量是否合格，由此增加的费用和（或）延误的工期均由承包人承担。

4. 不合格工程的处理

（1）因承包人原因造成工程不合格的，发包人有权随时要求承包人采取补救措施，直至达到合同要求的质量标准，由此增加的费用和（或）延误的工期由承包人承担。无法补救的，按照《示范文本》中拒绝接收全部或部分工程的约定执行。

（2）因发包人原因造成工程不合格的，由此增加的费用和（或）延误的工期由发包人承担，并支付承包人合理的利润。

5. 质量争议检测

合同当事人对工程质量有争议的，由双方协商确定的工程质量检测机构鉴定，由此产生的费用及因此造成的损失，由责任方承担。

合同当事人均有责任的，由双方根据其责任分别承担。合同当事人无法达成一致的，按照前面条款商定或确定的执行。

6. 材料与设备

（1）发包人供应材料与工程设备。发包人自行供应材料、工程设备的，应在签订合同时在专用合同条款的附件《发包人供应材料设备一览表》中明确材料、工程设备的品种、规格、型号、数量、单价、质量等级和送达地点。

承包人应提前30天通过监理人以书面形式通知发包人供应材料与工程设备进场。承包人按照通用条款中的施工进度计划的修订的约定修订施工进度计划时，需同时提交经修订后的发包人供应材料与工程设备的进场计划。

（2）承包人采购材料与工程设备。承包人负责采购材料、工程设备的，应按照设计和有关标准要求采购，并提供产品合格证明及出厂证明，对材料、工程设备质量负责。合同约定由承包人采购的材料、工程设备，发包人不得指定生产厂家或供应商，发包人违反本款约定指定生产厂家或供应商的，承包人有权拒绝，并由发包人承担相应责任。

（3）材料与工程设备的接收与拒收。

1）发包人应按《发包人供应材料设备一览表》约定的内容提供材料和工程设备，并向承包人提供产品合格证明及出厂证明，对其质量负责。发包人应提前24小时以书面形式通知承包人、监理人材料和工程设备到货时间，承包人负责材料和工程设备的清点、检验和接收。

发包人提供的材料和工程设备的规格、数量或质量不符合合同约定的，或因发包人原因导致交货日期延误或交货地点变更等情况的，按照《示范文本》中发包人违约的约定办理。

2）承包人采购的材料和工程设备，应保证产品质量合格，承包人应在材料和工程设备到货前24小时通知监理人检验。承包人进行永久设备、材料的制造和生产的，应符合相关质量标准，并向监理人提交材料的样本以及有关资料，并应在使用该材料或工程设备之前获得监理人同意。

承包人采购的材料和工程设备不符合设计或有关标准要求时，承包人应在监理人要求的合理期限内将不符合设计或有关标准要求的材料、工程设备运出施工现场，并重新采购符合要求的材料、工程设备，由此增加的费用和（或）延误的工期，由承包人承担。

（4）材料与工程设备的保管与使用。

1）发包人供应材料与工程设备的保管与使用。发包人供应的材料和工程设备，承包人清点后由承包人妥善保管，保管费用由发包人承担，但已标价工程量清单或预算书已经列支或专用合同条款另有约定的除外。因承包人原因发生丢失毁损的，由承包人负责赔偿；监理人未通知承包人清点的，承包人不负责材料和工程设备的保管，由此导致丢失毁损的由发包人负责。

发包人供应的材料和工程设备使用前，由承包人负责检验，检验费用由发包人承担，不合格的不得使用。

2）承包人采购材料与工程设备的保管与使用。承包人采购的材料和工程设备由承包人妥善保管，保管费用由承包人承担。法律规定材料和工程设备使用前必须进行检验或试验的，承包人应按监理人的要求进行检验或试验，检验或试验费用由承包人承担，不合格的不得使用。

发包人或监理人发现承包人使用不符合设计或有关标准要求的材料和工程设备时，有权要求承包人进行修复、拆除或重新采购，由此增加的费用和（或）延误的工期，由承包人承担。

（5）禁止使用不合格的材料和工程设备。

1）监理人有权拒绝承包人提供的不合格材料或工程设备，并要求承包人立即进行更换。监理人应在更换后再次进行检查和检验，由此增加的费用和（或）延误的工期由承包人承担。

2）监理人发现承包人使用了不合格的材料和工程设备，承包人应按照监理人的指示立即改正，并禁止在工程中继续使用不合格的材料和工程设备。

3）发包人提供的材料或工程设备不符合合同要求的，承包人有权拒绝，并可要求发包人更换，由此增加的费用和（或）延误的工期由发包人承担，并支付承包人合理的利润。

（6）样品。

1）样品的报送与封存。需要承包人报送样品的材料或工程设备，样品的种类、名称、规格、数量等要求均应在专用合同条款中约定。样品的报送程序如下：

a. 承包人应在计划采购前28天向监理人报送样品。承包人报送的样品均应来自供应材料的实际生产地，且提供的样品的规格、数量足以表明材料或工程设备的质量、型号、颜色、表面处理、质地、误差和其他要求的特征。

b. 承包人每次报送样品时应随附申报单，申报单应载明报送样品的相关数据和资料，并标明每件样品对应的图纸号，预留监理人批复意见栏。监理人应在收到承包人报送的样品后7天向承包人回复经发包人签认的样品审批意见。

c. 经发包人和监理人审批确认的样品应按约定的方法封样，封存的样品作为检验工程相关部分的标准之一。承包人在施工过程中不得使用与样品不符的材料或工程设备。

d. 发包人和监理人对样品的审批确认仅为确认相关材料或工程设备的特征或用途，不得被理解为对合同的修改或改变，也并不减轻或免除承包人任何的责任和义务。如果封存的样品修改或改变了合同约定，合同当事人应当以书面协议予以确认。

2）样品的保管。经批准的样品应由监理人负责封存于现场，承包人应在现场为保存样品提供适当和固定的场所并保持适当和良好的存储环境条件。

（7）材料与工程设备的替代。

1）出现下列情况，承包人需要使用替代材料和工程设备：

a. 基准日期后生效的法律规定禁止使用的。

b. 发包人要求使用替代品的。

c. 因其他原因必须使用替代品的。

2）承包人应在使用替代材料和工程设备 28 天前书面通知监理人，并附下列文件：

a. 被替代的材料和工程设备的名称、数量、规格、型号、品牌、性能、价格及其他相关资料。

b. 替代品的名称、数量、规格、型号、品牌、性能、价格及其他相关资料。

c. 替代品与被替代产品之间的差异以及使用替代品可能对工程产生的影响。

d. 替代品与被替代产品的价格差异。

e. 使用替代品的理由和原因说明。

f. 监理人要求的其他文件。

监理人应在收到通知后 14 天内向承包人发出经发包人签认的书面指示；监理人逾期发出书面指示的，视为发包人和监理人同意使用替代品。

3）发包人认可使用替代材料和工程设备的，替代材料和工程设备的价格，按照已标价工程量清单或预算书相同项目的价格认定；无相同项目的，参考相似项目价格认定；既无相同项目也无相似项目的，按照合理的成本与利润构成的原则，由合同当事人按照《示范文本》中商定或确定的价格。

（8）施工设备和临时设施。

1）承包人提供的施工设备和临时设施。承包人应按合同进度计划的要求，及时配置施工设备和修建临时设施。进入施工场地的承包人设备需经监理人核查后才能投入使用。承包人更换合同约定的承包人设备的，应报监理人批准。

除专用合同条款另有约定外，承包人应自行承担修建临时设施的费用，需要临时占地的，应由发包人办理申请手续并承担相应费用。

2）发包人提供的施工设备和临时设施。发包人提供的施工设备或临时设施在专用合同条款中约定。

3）要求承包人增加或更换施工设备。承包人使用的施工设备不能满足合同进度计划和（或）质量要求时，监理人有权要求承包人增加或更换施工设备，承包人应及时增加或更换，由此增加的费用和（或）延误的工期由承包人承担。

（9）材料与设备的专用要求。承包人运入施工现场的材料、工程设备、施工设备以及在施工场地建设的临时设施，包括备品备件、安装工具与资料，必须专用于工程。未经发包人批准，承包人不得运出施工现场或挪作他用；经发包人批准，承包人可以根据施工进度计划撤走闲置的施工设备和其他物品。

6.3.6　进度管理条款

1. 施工组织设计

除专用合同条款另有约定外，承包人应在合同签订后 14 天内，但最迟不得晚于开工通知载明的开工日期前 7 天，向监理人提交详细的施工组织设计，并由监理人报送发包人。除专用合同条款另有约定外，发包人和监理人应在监理人收到施工组织设计后 7 天内确认或提出修改意见。对发包人和监理人提出的合理意见和要求，承包人应自费修改完善。根据工程实际情况需要修改施工组织设计的，承包人应向发包人和监理人提交修改后的施工组织设计。

2. 施工进度计划

（1）施工进度计划的编制。承包人应按照通用条款施工组织设计约定提交详细的施工进度计划，施工进度计划的编制应当符合国家法律规定和一般工程实践惯例，施工进度计划经发包人批准后实施。施工进度计划是控制工程进度的依据，发包人和监理人有权按照施工进度计划检查工程进度情况。

（2）施工进度计划的修订。施工进度计划不符合合同要求或与工程的实际进度不一致的，承包人应向监理人提交修订的施工进度计划，并附具有关措施和相关资料，由监理人报送发包人。除专用合同条款另有约定外，发包人和监理人应在收到修订的施工进度计划后7天内完成审核和批准或提出修改意见。发包人和监理人对承包人提交的施工进度计划的确认，不能减轻或免除承包人根据法律规定和合同约定应承担的任何责任或义务。

3. 开工

（1）开工准备。除专用合同条款另有约定外，承包人应按照通用条款施工组织设计约定的期限，向监理人提交工程开工报审表，经监理人报发包人批准后执行。开工报审表应详细说明按施工进度计划正常施工所需的施工道路、临时设施、材料、工程设备、施工设备、施工人员等落实情况以及工程的进度安排。

除专用合同条款另有约定外，合同当事人应按约定完成开工准备工作。

（2）开工通知。发包人应按照法律规定获得工程施工所需的许可。经发包人同意后，监理人发出的开工通知应符合法律规定。监理人应在计划开工日期7天前向承包人发出开工通知，工期自开工通知中载明的开工日期起算。

除专用合同条款另有约定外，因发包人原因造成监理人未能在计划开工日期之日起90天内发出开工通知的，承包人有权提出价格调整要求，或者解除合同。发包人应当承担由此增加的费用和（或）延误的工期，并向承包人支付合理利润。

4. 工期延误

（1）因发包人原因导致工期延误。在合同履行过程中，因下列情况导致工期延误和（或）费用增加的，由发包人承担由此延误的工期和（或）增加的费用，且发包人应支付承包人合理的利润：

1）发包人未能按合同约定提供图纸或所提供图纸不符合合同约定的。

2）发包人未能按合同约定提供施工现场、施工条件、基础资料、许可、批准等开工条件的。

3）发包人提供的测量基准点、基准线和水准点及其书面资料存在错误或疏漏的。

4）发包人未能在计划开工日期之日起7天内同意下达开工通知的。

5）发包人未能按合同约定日期支付工程预付款、进度款或竣工结算款的。

6）监理人未按合同约定发出指示、批准等文件的。

7）专用合同条款中约定的其他情形。

因发包人原因未按计划开工日期开工的，发包人应按实际开工日期顺延竣工日期，确保实际工期不低于合同约定的工期总日历天数。因发包人原因导致工期延误需要修订施工进度计划的，按《示范文本》中施工进度计划的修订执行。

(2) 因承包人原因导致工期延误。因承包人原因造成工期延误的，可以在专用合同条款中约定逾期竣工违约金的计算方法和逾期竣工违约金的上限。承包人支付逾期竣工违约金后，不免除承包人继续完成工程及修补缺陷的义务。

5. 暂停施工

(1) 发包人原因引起的暂停施工。因发包人原因引起暂停施工的，监理人经发包人同意后，应及时下达暂停施工指示。情况紧急且监理人未及时下达暂停施工指示的，按照通用条款中紧急情况下的暂停施工执行。

因发包人原因引起的暂停施工，发包人应承担由此增加的费用和（或）延误的工期，并支付承包人合理的利润。

(2) 承包人原因引起的暂停施工。因承包人原因引起的暂停施工，承包人应承担由此增加的费用和（或）延误的工期，且承包人在收到监理人复工指示后 84 天内仍未复工的，视为通用条款中“承包人违约的情形”中约定的承包人无法继续履行合同的情形。

(3) 指示暂停施工。监理人认为有必要时，并经发包人批准后，可向承包人作出暂停施工的指示，承包人应按监理人指示暂停施工。

(4) 紧急情况下的暂停施工。因紧急情况需暂停施工，且监理人未及时下达暂停施工指示的，承包人可先暂停施工，并及时通知监理人。监理人应在接到通知后 24 小时内发出指示，逾期未发出指示，视为同意承包人暂停施工。监理人不同意承包人暂停施工的，应说明理由，承包人对监理人的答复有异议，按照通用条款中争议解决的约定处理。

(5) 暂停施工后的复工。暂停施工后，发包人和承包人应采取有效措施积极消除暂停施工的影响。在工程复工前，监理人会同发包人和承包人确定因暂停施工造成的损失，并确定工程复工条件。当工程具备复工条件时，监理人应经发包人批准后向承包人发出复工通知，承包人应按照复工通知要求复工。

承包人无故拖延和拒绝复工的，承包人承担由此增加的费用和（或）延误的工期；因发包人原因无法按时复工的，按照《示范文本》中因发包人原因导致工期延误的约定办理。

(6) 暂停施工持续 56 天以上。监理人发出暂停施工指示后 56 天内未向承包人发出复工通知，除该项停工属于《示范文本》中承包人原因引起的暂停施工及不可抗力约定的情形外，承包人可向发包人提交书面通知，要求发包人在收到书面通知后 28 天内准许已暂停施工的部分或全部工程继续施工。发包人逾期不予批准的，则承包人可以通知发包人，将工程受影响的部分视为通用条款“变更的范围”中第 (2) 项条款。

暂停施工持续 84 天以上不复工的，且不属于通用条款承包人原因引起的暂停施工及不可抗力约定的情形，并影响到整个工程以及合同目的实现的，承包人有权提出价格调整要求，或者解除合同。解除合同的，按照因发包人违约解除合同执行。

(7) 暂停施工期间的工程照管。暂停施工期间，承包人应负责妥善照管工程并提供安全保障，由此增加的费用由责任方承担。

(8) 暂停施工的措施。暂停施工期间，发包人和承包人均应采取必要的措施确保工程质量及安全，防止因暂停施工扩大损失。

6. 提前竣工

(1) 发包人要求承包人提前竣工的，发包人应通过监理人向承包人下达提前竣工指示，承包人应向发包人和监理人提交提前竣工建议书，提前竣工建议书应包括实施的方案、缩短的时间、增加的合同价格等内容。发包人接受该提前竣工建议书的，监理人应与发包人和承包人协商采取加快工程进度的措施，并修订施工进度计划，由此增加的费用由发包人承担。承包人认为提前竣工指示无法执行的，应向监理人和发包人提出书面异议，发包人和监理人应在收到异议后7天内予以答复。任何情况下，发包人不得压缩合理工期。

(2) 发包人要求承包人提前竣工，或承包人提出提前竣工的建议能够给发包人带来效益的，合同当事人可以在专用合同条款中约定提前竣工的奖励。

6.3.7　费用管理条款

1. 合同价格形式

发包人和承包人应在合同协议书中选择下列一种合同价格形式：

(1) 单价合同。单价合同是指合同当事人约定以工程量清单及其综合单价进行合同价格计算、调整和确认的建设工程施工合同，在约定的范围内合同单价不作调整。合同当事人应在专用合同条款中约定综合单价包含的风险范围和风险费用的计算方法，并约定风险范围以外的合同价格的调整方法，其中因市场价格波动引起的调整按市场价格波动引起的调整的约定执行。

(2) 总价合同。总价合同是指合同当事人约定以施工图、已标价工程量清单或预算书及有关条件进行合同价格计算、调整和确认的建设工程施工合同，在约定的范围内合同总价不作调整。合同当事人应在专用合同条款中约定总价包含的风险范围和风险费用的计算方法，并约定风险范围以外的合同价格的调整方法，其中因市场价格波动引起的调整按市场价格波动引起的调整、因法律变化引起的调整按法律变化引起的调整的约定执行。

(3) 其他价格形式。合同当事人可在专用合同条款中约定其他合同价格形式。

2. 预付款

(1) 预付款的支付。预付款的支付按照专用合同条款约定执行，但至迟应在开工通知载明的开工日期7天前支付。预付款应当用于材料、工程设备、施工设备的采购及修建临时工程、组织施工队伍进场等。

除专用合同条款另有约定外，预付款在进度付款中同比例扣回。在颁发工程接收证书前，提前解除合同的，尚未扣完的预付款应与合同价款一并结算。

发包人逾期支付预付款超过7天的，承包人有权向发包人发出要求预付的催告通知，发包人收到通知后7天内仍未支付的，承包人有权暂停施工，并按发包人违约的情形执行。

(2) 预付款担保。发包人要求承包人提供预付款担保的，承包人应在发包人支付预付款7天前提供预付款担保，专用合同条款另有约定的除外。预付款担保可采用银行保函、担保公司担保等形式，具体由合同当事人在专用合同条款中约定。在预付款完全扣回之前，承包人应保证预付款担保持续有效。

发包人在工程款中逐期扣回预付款后，预付款担保额度应相应减少，但剩余的预付款担保金额不得低于未被扣回的预付款金额。

3. 计量

(1) 计量原则。工程量计量按照合同约定的工程量计算规则、图纸及变更指示等进行计量。工程量计算规则应以相关的国家标准、行业标准等为依据，由合同当事人在专用合同条款中约定。

(2) 计量周期。除专用合同条款另有约定外，工程量的计量按月进行。

(3) 计量方式和程序。除专用合同条款另有约定外，工程计量按照本项约定执行：

1) 承包人应于每月 25 日向监理人报送上月 20 日至当月 19 日已完成的工程量报告，并附具进度付款申请单、已完成工程量报表和有关资料。

2) 监理人应在收到承包人提交的工程量报告后 7 天内完成对承包人提交的工程量报表的审核并报送发包人，以确定当月实际完成的工程量。监理人对工程量有异议的，有权要求承包人进行共同复核或抽样复测。承包人应协助监理人进行复核或抽样复测，并按监理人要求提供补充计量资料。承包人未按监理人要求参加复核或抽样复测的，监理人复核或修正的工程量视为承包人实际完成的工程量。

3) 监理人未在收到承包人提交的工程量报表后的 7 天内完成审核的，承包人报送的工程量报告中的工程量视为承包人实际完成的工程量，据此计算工程价款。

(4) 工程进度款支付。

1) 付款周期。除专用合同条款另有约定外，付款周期应按照计量周期的约定与计量周期保持一致。

2) 进度付款申请单的编制。

除专用合同条款另有约定外，进度付款申请单应包括下列内容：

a. 截至本次付款周期已完成工作对应的金额。

b. 根据变更应增加和扣减的变更金额。

c. 根据预付款的约定应支付的预付款和扣减的返还预付款。

d. 根据质量保证金的约定应扣减的质量保证金。

e. 根据索赔应增加和扣减的索赔金额。

f. 对已签发的进度款支付证书中出现错误的修正，应在本次进度付款中支付或扣除的金额。

g. 根据合同约定应增加和扣减的其他金额。

3) 进度付款申请单的提交。

a. 单价合同进度付款申请单的提交。单价合同的进度付款申请单，按照合同约定的时间按月向监理人提交，并附上已完成工程量报表和有关资料。单价合同中的总价项目按月进行支付分解，并汇总列入当期进度付款申请单。

b. 总价合同进度付款申请单的提交。总价合同按月计量支付的，承包人按照合同约定的时间按月向监理人提交进度付款申请单，并附上已完成工程量报表和有关资料。

总价合同按支付分解表支付的，承包人应编制支付分解表，按照支付分解表的约定向监理人提交进度付款申请单。

c. 其他价格形式合同的进度付款申请单的提交。合同当事人可在专用合同条款中约定其他价格形式合同的进度付款申请单的编制和提交程序。

4）进度款审核和支付。

a. 除专用合同条款另有约定外，监理人应在收到承包人进度付款申请单以及相关资料后7天内完成审查并报送发包人，发包人应在收到后7天内完成审批并签发进度款支付证书。发包人逾期未完成审批且未提出异议的，视为已签发进度款支付证书。

发包人和监理人对承包人的进度付款申请单有异议的，有权要求承包人修正和提供补充资料，承包人应提交修正后的进度付款申请单。监理人应在收到承包人修正后的进度付款申请单及相关资料后7天内完成审查并报送发包人，发包人应在收到监理人报送的进度付款申请单及相关资料后7天内，向承包人签发无异议部分的临时进度款支付证书。存在争议的部分，按照争议解决的约定处理。

b. 除专用合同条款另有约定外，发包人应在进度款支付证书或临时进度款支付证书签发后14天内完成支付，发包人逾期支付进度款的，应按照中国人民银行发布的同期同类贷款基准利率支付违约金。

c. 发包人签发进度款支付证书或临时进度款支付证书，不表明发包人已同意、批准或接受了承包人完成的相应部分的工作。

5）进度付款的修正。在对已签发的进度款支付证书进行阶段汇总和复核中发现错误、遗漏或重复的，发包人和承包人均有权提出修正申请。经发包人和承包人同意的修正，应在下期进度付款中支付或扣除。

6.3.8 安全文明施工与环境保护

1. 安全文明施工

(1) 安全生产要求。合同履行期间，合同当事人均应当遵守国家和工程所在地有关安全生产的要求，合同当事人有特别要求的，应在专用合同条款中明确施工项目安全生产标准化达标目标及相应事项。承包人有权拒绝发包人及监理人强令承包人违章作业、冒险施工的任何指示。

在施工过程中，如遇到突发的地质变动、事先未知的地下施工障碍等影响施工安全的紧急情况，承包人应及时报告监理人和发包人，发包人应当及时下令停工并报政府有关行政管理部门采取应急措施。

因安全生产需要暂停施工的，按照《示范文本》中暂停施工的约定执行。

(2) 安全生产保证措施。承包人应当按照有关规定编制安全技术措施或者专项施工方案，建立安全生产责任制度、治安保卫制度及安全生产教育培训制度，并按安全生产法律规定及合同约定履行安全职责，如实编制工程安全生产的有关记录，接受发包人、监理人及政府安全监督部门的检查与监督。

(3) 特别安全生产事项。承包人应按照法律规定进行施工，开工前做好安全技术交底工作，施工过程中做好各项安全防护措施。承包人为实施合同而雇用的特殊工种的人员应受过专门的培训并已取得政府有关管理机构颁发的上岗证书。

承包人在动力设备、输电线路、地下管道、密封防震车间、易燃易爆地段以及临街交通要道附近施工时，施工开始前应向发包人和监理人提出安全防护措施，经发包人认可后实施。

实施爆破作业，在放射、毒害性环境中施工（含储存、运输、使用）及使用毒害性、腐蚀性物品施工时，承包人应在施工前7天以书面通知发包人和监理人，并报送相应的安全防护措施，经发包人认可后实施。

需单独编制危险性较大分部分项专项工程施工方案的，及要求进行专家论证的超过一定规模的危险性较大的分部分项工程，承包人应及时编制和组织论证。

(4) 治安保卫。除专用合同条款另有约定外，发包人应与当地公安部门协商，在现场建立治安管理机构或联防组织，统一管理施工场地的治安保卫事项，履行合同工程的治安保卫职责。

发包人和承包人除应协助现场治安管理机构或联防组织维护施工场地的社会治安外，还应做好包括生活区在内的各自管辖区的治安保卫工作。

除专用合同条款另有约定外，发包人和承包人应在工程开工后7天内共同编制施工场地治安管理计划，并制定应对突发治安事件的紧急预案。在工程施工过程中，发生暴乱、爆炸等恐怖事件，以及群殴、械斗等群体性突发治安事件的，发包人和承包人应立即向当地政府报告。发包人和承包人应积极协助当地有关部门采取措施平息事态，防止事态扩大，尽量避免人员伤亡和财产损失。

(5) 文明施工。承包人在工程施工期间，应当采取措施保持施工现场平整，物料堆放整齐。工程所在地有关政府行政管理部门有特殊要求的，按照其要求执行。合同当事人对文明施工有其他要求的，可以在专用合同条款中明确。

在工程移交之前，承包人应当从施工现场清除承包人的全部工程设备、多余材料、垃圾和各种临时工程，并保持施工现场清洁整齐。经发包人书面同意，承包人可在发包人指定的地点保留承包人履行保修期内的各项义务所需要的材料、施工设备和临时工程。

(6) 安全文明施工费。安全文明施工费由发包人承担，发包人不得以任何形式扣减该部分费用。因基准日期后合同所适用的法律或政府有关规定发生变化，增加的安全文明施工费由发包人承担。

承包人经发包人同意采取合同约定以外的安全措施所产生的费用，由发包人承担。未经发包人同意的，如果该措施避免了发包人的损失，则发包人在避免损失的额度内承担该措施费。如果该措施避免了承包人的损失，由承包人承担该措施费。

除专用合同条款另有约定外，发包人应在开工后28天内预付安全文明施工费总额的50%，其余部分与进度款同期支付。发包人逾期支付安全文明施工费超过7天的，承包人有权向发包人发出要求预付的催告通知，发包人收到通知后7天内仍未支付的，承包人有权暂停施工，并按《示范文本》中发包人违约的情形执行。

承包人对安全文明施工费应专款专用，承包人应在财务账目中单独列项备查，不得挪作他用，否则发包人有权责令其限期改正；逾期未改正的，可以责令其暂停施工，由此增加的费用和（或）延误的工期由承包人承担。

(7) 紧急情况处理。在工程实施期间或缺陷责任期内发生危及工程安全的事件，监理人通知承包人进行抢救，承包人声明无能力或不愿立即执行的，发包人有权雇佣其他人员进行抢救。此类抢救按合同约定属于承包人义务的，由此增加的费用和（或）延误的工期由承包人承担。

（8）事故处理。工程施工过程中发生事故的，承包人应立即通知监理人，监理人应立即通知发包人。发包人和承包人应立即组织人员和设备进行紧急抢救和抢修，减少人员伤亡和财产损失，防止事故扩大，并保护事故现场。需要移动现场物品时，应作出标记和书面记录，妥善保管有关证据。发包人和承包人应按国家有关规定，及时如实地向有关部门报告事故发生的情况，以及正在采取的紧急措施等。

（9）安全生产责任。

1）发包人的安全责任。发包人应负责赔偿以下各种情况造成的损失：

a. 工程或工程的任何部分对土地的占用所造成的第三人财产损失。

b. 由于发包人原因在施工场地及其毗邻地带造成的第三人人身伤亡和财产损失。

c. 由于发包人原因对承包人、监理人造成的人员人身伤亡和财产损失。

d. 由于发包人原因造成的发包人自身人员的人身伤害以及财产损失。

2）承包人的安全责任。由于承包人原因在施工场地内及其毗邻地带造成的发包人、监理人以及第三人人员伤亡和财产损失，由承包人负责赔偿。

2. 职业健康

（1）劳动保护。承包人应按照法律规定安排现场施工人员的劳动和休息时间，保障劳动者的休息时间，并支付合理的报酬和费用。承包人应依法为其履行合同所雇用的人员办理必要的证件、许可、保险和注册等，承包人应督促其分包人为分包人所雇用的人员办理必要的证件、许可、保险和注册等。

承包人应按照法律规定保障现场施工人员的劳动安全，并提供劳动保护，并应按国家有关劳动保护的规定，采取有效的防止粉尘、降低噪声、控制有害气体和保障高温、高寒、高空作业安全等劳动保护措施。承包人雇佣人员在施工中受到伤害的，承包人应立即采取有效措施进行抢救和治疗。

承包人应按法律规定安排工作时间，保证其雇佣人员享有休息和休假的权利。因工程施工的特殊需要占用休假日或延长工作时间的，应不超过法律规定的限度，并按法律规定给予补休或付酬。

（2）生活条件。承包人应为其履行合同所雇用的人员提供必要的膳宿条件和生活环境；承包人应采取有效措施预防传染病，保证施工人员的健康，并定期对施工现场、施工人员生活基地和工程进行防疫和卫生的专业检查和处理，在远离城镇的施工场地，还应配备必要的伤病防治和急救的医务人员与医疗设施。

3. 环境保护

承包人应在施工组织设计中列明环境保护的具体措施。在合同履行期间，承包人应采取合理措施保护施工现场环境。对施工作业过程中可能引起的大气、水、噪声以及固体废物污染采取具体可行的防范措施。

承包人应当承担因其原因引起的环境污染侵权损害赔偿责任，因上述环境污染引起纠纷而导致暂停施工的，由此增加的费用和（或）延误的工期由承包人承担。

6.3.9 违约

1. 发包人违约

（1）发包人违约的情形。在合同履行过程中发生的下列情形，属于发包人违约：

1）因发包人原因未能在计划开工日期前7天内下达开工通知的。

2）因发包人原因未能按合同约定支付合同价款的。

3）发包人违反变更的范围约定，自行实施被取消的工作或转由他人实施的。

4）发包人提供的材料、工程设备的规格、数量或质量不符合合同约定，或因发包人原因导致交货日期延误或交货地点变更等情况的。

5）因发包人违反合同约定造成暂停施工的。

6）发包人无正当理由没有在约定期限内发出复工指示，导致承包人无法复工的。

7）发包人明确表示或者以其行为表明不履行合同主要义务的。

8）发包人未能按照合同约定履行其他义务的。

发包人发生除第7）条以外的违约情况时，承包人可向发包人发出通知，要求发包人采取有效措施纠正违约行为。发包人收到承包人通知后28天内仍不纠正违约行为的，承包人有权暂停相应部位工程施工，并通知监理人。

（2）发包人违约的责任。发包人应承担因其违约给承包人增加的费用和（或）延误的工期，并支付承包人合理的利润。此外，合同当事人可在专用合同条款中另行约定发包人违约责任的承担方式和计算方法。

（3）因发包人违约解除合同。除专用合同条款另有约定外，承包人按发包人违约的情形约定暂停施工满28天后，发包人仍不纠正其违约行为并致使合同目的不能实现的，或出现发包人违约的情形第7）条约定的违约情况，承包人有权解除合同，发包人应承担由此增加的费用，并支付承包人合理的利润。

（4）因发包人违约解除合同后的付款。承包人按照本款约定解除合同的，发包人应在解除合同后28天内支付下列款项，并解除履约担保：

1）合同解除前所完成工作的价款。

2）承包人为工程施工订购并已付款的材料、工程设备和其他物品的价款。

3）承包人撤离施工现场以及遣散承包人人员的款项。

4）按照合同约定在合同解除前应支付的违约金。

5）按照合同约定应当支付给承包人的其他款项。

6）按照合同约定应退还的质量保证金。

7）因解除合同给承包人造成的损失。

合同当事人未能就解除合同后的结清达成一致的，按照争议解决的约定处理。

承包人应妥善做好已完工程和与工程有关的已购材料、工程设备的保护和移交工作，并将施工设备和人员撤出施工现场，发包人应为承包人撤出提供必要条件。

2. 承包人违约

（1）承包人违约的情形。在合同履行过程中发生的下列情形，属于承包人违约：

1）承包人违反合同约定进行转包或违法分包的。

2）承包人违反合同约定采购和使用不合格的材料和工程设备的。

3）因承包人原因导致工程质量不符合合同要求的。

4）承包人违反材料与设备专用要求的约定，未经批准，私自将已按照合同约定进入施工现场的材料或设备撤离施工现场的。

5）承包人未能按施工进度计划及时完成合同约定的工作，造成工期延误的。

6）承包人在缺陷责任期及保修期内，未能在合理期限对工程缺陷进行修复，或拒绝按发包人要求进行修复的。

7）承包人明确表示或者以其行为表明不履行合同主要义务的。

8）承包人未能按照合同约定履行其他义务的。

承包人发生除本项第7）条约定以外的其他违约情况时，监理人可向承包人发出整改通知，要求其在指定的期限内改正。

（2）承包人违约的责任。承包人应承担因其违约行为而增加的费用和（或）延误的工期。此外，合同当事人可在专用合同条款中另行约定承包人违约责任的承担方式和计算方法。

（3）因承包人违约解除合同。除专用合同条款另有约定外，出现“承包人违约的情形”第7）条约定的违约情况时，或监理人发出整改通知后，承包人在指定的合理期限内仍不纠正违约行为并致使合同目的不能实现的，发包人有权解除合同。合同解除后，因继续完成工程的需要，发包人有权使用承包人在施工现场的材料、设备、临时工程、承包人文件和由承包人或以其名义编制的其他文件，合同当事人应在专用合同条款约定相应费用的承担方式。发包人继续使用的行为不免除或减轻承包人应承担的违约责任。

（4）因承包人违约解除合同后的处理。因承包人原因导致合同解除的，则合同当事人应在合同解除后28天内完成估价、付款和清算，并按以下约定执行：

1）合同解除后，按商定或确定商定或确定承包人实际完成工作对应的合同价款，以及承包人已提供的材料、工程设备、施工设备和临时工程等的价值。

2）合同解除后，承包人应支付的违约金。

3）合同解除后，因解除合同给发包人造成的损失。

4）合同解除后，承包人应按照发包人要求和监理人的指示完成现场的清理和撤离。

5）发包人和承包人应在合同解除后进行清算，出具最终结清付款证书，结清全部款项。

因承包人违约解除合同的，发包人有权暂停对承包人的付款，查清各项付款和已扣款项。发包人和承包人未能就合同解除后的清算和款项支付达成一致的，按照争议解决的约定处理。

（5）采购合同权益转让。因承包人违约解除合同的，发包人有权要求承包人将其为实施合同而签订的材料和设备的采购合同的权益转让给发包人，承包人应在收到解除合同通知后14天内，协助发包人与采购合同的供应商达成相关的转让协议。

3. 第三人造成的违约

在履行合同过程中，一方当事人因第三人的原因造成违约的，应当向对方当事人承担违约责任。另一方当事人和第三人之间的纠纷，依照法律规定或者按照约定解决。

4. 不可抗力

(1) 不可抗力的确认。不可抗力是指合同当事人在签订合同时不可预见，在合同履行过程中不可避免且不能克服的自然灾害和社会性突发事件，如地震、海啸、瘟疫、骚乱、戒严、暴动、战争和专用合同条款中约定的其他情形。

不可抗力发生后，发包人和承包人应收集证明不可抗力发生及不可抗力造成损失的证据，并及时认真统计所造成的损失。合同当事人对是否属于不可抗力或其损失的意见不一致的，由监理人按《示范文本》中商定或确定的约定处理。发生争议时，按《示范文本》中争议解决的约定处理。

(2) 不可抗力的通知。合同一方当事人遇到不可抗力事件，使其履行合同义务受到阻碍时，应立即通知合同另一方当事人和监理人，书面说明不可抗力和受阻碍的详细情况，并提供必要的证明。

不可抗力持续发生的，合同一方当事人应及时向合同另一方当事人和监理人提交中间报告，说明不可抗力和履行合同受阻的情况，并于不可抗力事件结束后28天内提交最终报告及有关资料。

(3) 不可抗力后果的承担。

1) 不可抗力引起的后果及造成的损失由合同当事人按照法律规定及合同约定各自承担。不可抗力发生前已完成的工程应当按照合同约定进行计量支付。

2) 不可抗力导致的人员伤亡、财产损失、费用增加和（或）工期延误等后果，由合同当事人按以下原则承担：

a. 永久工程、已运至施工现场的材料和工程设备的损坏，以及因工程损坏造成的第三人人员伤亡和财产损失由发包人承担。

b. 承包人施工设备的损坏由承包人承担。

c. 发包人和承包人承担各自人员伤亡和财产的损失。

d. 因不可抗力影响承包人履行合同约定的义务，已经引起或将引起工期延误的，应当顺延工期，由此导致承包人停工的费用损失由发包人和承包人合理分担，停工期间必须支付的工人工资由发包人承担。

e. 因不可抗力引起或将引起工期延误，发包人要求赶工的，由此增加的赶工费用由发包人承担。

f. 承包人在停工期间按照发包人要求照管、清理和修复工程的费用由发包人承担。

不可抗力发生后，合同当事人均应采取措施尽量避免和减少损失的扩大，任何一方当事人没有采取有效措施导致损失扩大的，应对扩大的损失承担责任。

因合同一方迟延履行合同义务，在迟延履行期间遭遇不可抗力的，不免除其违约责任。

(4) 因不可抗力解除合同。因不可抗力导致合同无法履行连续超过84天或累计超过140天的，发包人和承包人均有权解除合同。合同解除后，由双方当事人按照《示范文本》中商定或确定商定或确定发包人应支付的款项，该款项包括：

1) 合同解除前承包人已完成工作的价款。

2) 承包人为工程订购的并已交付给承包人，或承包人有责任接受交付的材料、工程设备和其他物品的价款。

3）发包人要求承包人退货或解除订货合同而产生的费用，或因不能退货或解除合同而产生的损失。

4）承包人撤离施工现场以及遣散承包人人员的费用。

5）按照合同约定在合同解除前应支付给承包人的其他款项。

6）扣减承包人按照合同约定应向发包人支付的款项。

7）双方商定或确定的其他款项。

除专用合同条款另有约定外，合同解除后，发包人应在商定或确定上述款项后28天内完成上述款项的支付。

6.3.10　保险

1. 工程保险

除专用合同条款另有约定外，发包人应投保建筑工程一切险或安装工程一切险；发包人委托承包人投保的，因投保产生的保险费和其他相关费用由发包人承担。

2. 工伤保险

(1) 发包人应依照法律规定参加工伤保险，并为在施工现场的全部员工办理工伤保险，缴纳工伤保险费，并要求监理人及由发包人为履行合同聘请的第三方依法参加工伤保险。

(2) 承包人应依照法律规定参加工伤保险，并为其履行合同的全部员工办理工伤保险，缴纳工伤保险费，并要求分包人及由承包人为履行合同聘请的第三方依法参加工伤保险。

3. 其他保险

发包人和承包人可以为其施工现场的全部人员办理意外伤害保险并支付保险费，包括其员工及为履行合同聘请的第三方的人员，具体事项由合同当事人在专用合同条款中约定。

除专用合同条款另有约定外，承包人应为其施工设备等办理财产保险。

4. 持续保险

合同当事人应与保险人保持联系，使保险人能够随时了解工程实施中的变动，并确保按保险合同条款要求持续保险。

5. 保险凭证

合同当事人应及时向另一方当事人提交其已投保的各项保险的凭证和保险单复印件。

6. 未按约定投保的补救

(1) 发包人未按合同约定办理保险，或未能使保险持续有效的，则承包人可代为办理，所需费用由发包人承担。发包人未按合同约定办理保险，导致未能得到足额赔偿的，由发包人负责补足。

(2) 承包人未按合同约定办理保险，或未能使保险持续有效的，则发包人可代为办理，所需费用由承包人承担。承包人未按合同约定办理保险，导致未能得到足额赔偿的，由承包人负责补足。

7. 通知义务

除专用合同条款另有约定外，发包人变更除工伤保险之外的保险合同时，应事先征得承包人同意，并通知监理人；承包人变更除工伤保险之外的保险合同时，应事先征得发包人同意，并通知监理人。

保险事故发生时，投保人应按照保险合同规定的条件和期限及时向保险人报告。发包人和承包人应当在知道保险事故发生后及时通知对方。

6.3.11 争议解决

1. 和解

合同当事人可以就争议自行和解，自行和解达成协议的经双方签字并盖章后作为合同补充文件，双方均应遵照执行。

2. 调解

合同当事人可以就争议请求建设行政主管部门、行业协会或其他第三方进行调解，调解达成协议的，经双方签字并盖章后作为合同补充文件，双方均应遵照执行。

3. 争议评审

合同当事人在专用合同条款中约定采取争议评审方式解决争议以及评审规则，并按下列约定执行：

(1) 争议评审小组的确定。合同当事人可以共同选择一名或三名争议评审员，组成争议评审小组。除专用合同条款另有约定外，合同当事人应当自合同签订后 28 天内，或者争议发生后 14 天内，选定争议评审员。

选择一名争议评审员的，由合同当事人共同确定；选择三名争议评审员的，各自选定一名，第三名成员为首席争议评审员，由合同当事人共同确定或由合同当事人委托已选定的争议评审员共同确定，或由专用合同条款约定的评审机构指定第三名首席争议评审员。

除专用合同条款另有约定外，评审员报酬由发包人和承包人各承担一半。

(2) 争议评审小组的决定。合同当事人可在任何时间将与合同有关的任何争议共同提请争议评审小组进行评审。争议评审小组应秉持客观、公正原则，充分听取合同当事人的意见，依据相关法律、规范、标准、案例经验及商业惯例等，自收到争议评审申请报告后 14 天内作出书面决定，并说明理由。合同当事人可以在专用合同条款中对本项事项另行约定。

(3) 争议评审小组决定的效力。争议评审小组作出的书面决定经合同当事人签字确认后，对双方具有约束力，双方应遵照执行。

任何一方当事人不接受争议评审小组决定或不履行争议评审小组决定的，双方可选择采用其他争议解决方式。

4. 仲裁或诉讼

因合同及合同有关事项产生的争议，合同当事人可以在专用合同条款中约定以下一种方式解决争议：

(1) 向约定的仲裁委员会申请仲裁。

(2) 向有管辖权的人民法院起诉。

5. 争议解决条款效力

合同有关争议解决的条款独立存在，合同的变更、解除、终止、无效或者被撤销均不影响其效力。

小　结

建设工程施工合同是承包人进行工程建设施工，发包人支付价款的合同，是建设工程的主要合同。施工合同的当事人是发包方和承包方，双方是平等的民事主体。它明确了建设工程发包人和承包人在施工阶段的权利和义务，是保护发包人和承包人权益的依据。

《建设工程施工合同（示范文本）》（GF—2017—0201）对于规范我国建筑市场交易行为、更为合理地分配发承包双方项目风险、维护参建各方的合法权益起到了积极作用。《示范文本》由合同协议书、通用合同条款和专用合同条款三部分组成。

案　例　分　析

案例分析 6.1：发包人、总承包人、分包人的关系

某市 A 服务公司因建办公楼与 B 建设工程总公司签订了《建筑工程承包合同》。其后，经 A 服务公司同意，B 建设工程总公司分别与市 C 建筑设计院和市 D 建筑工程公司签订了《建设工程勘察设计合同》和《建筑安装施工合同》。《建筑工程勘察设计合同》约定由 C 建筑设计院对 A 服务公司的办公楼水房、化粪池、给水排水、空调及煤气外管线工程提供勘察、设计服务，作出工程设计书及相应施工图纸和资料。《建筑安装施工合同》约定由 D 建筑工程公司根据 C 建筑设计院提供的设计图纸进行施工，工程竣工时依据国家有关验收规定及设计图纸进行质量验收。合同签订后，C 建筑设计院按时作出设计书并将相关图纸资料交付 D 建筑工程公司，D 建筑工程公司依据设计图纸进行施工。工程竣工后，发包人会同有关质量监督部门对工程进行验收，发现工程存在严重质量问题，主要是由于设计不符合规范所致。原来 C 建筑设计院未对现场进行仔细勘察即自行进行设计导致设计不合理，给发包人带来了重大损失。由于设计人拒绝承担责任，B 建设工程总公司又以自己不是设计人为由推卸责任，发包人遂以 C 建筑设计院为被告向法院起诉。法院受理后，追加 B 建设工程总公司为共同被告，让其与 C 建筑设计院一起对工程建设质量问题承担连带责任。

案例评析要点：本案中，市 A 服务公司是发包人，市 B 建设工程总公司是总承包人，C 建筑设计院和市 D 建筑工程公司是分包人。对工程质量问题，B 建设工程总公司作为总承包人应承担责任，而 C 建筑设计院和 D 建筑工程公司也应该依法分别向发包人承担责任。总承包人以不是自己勘察设计和建筑安装的理由企图不对发包人承担责任，以及分包人以与发包人没有合同关系为由不向发包人承担责任是没有法律依据的。所以本案判决 B 建设工程总公司和 C 建筑设计院共同承担连带责任是正确的。

值得说明的是，依《合同法》第二百七十二条：“发包人可以与总承包人订立建设工程合同，也可以分别与勘察人、设计人、施工人订立勘察、设计、施工承包合同。发包人

不得将应当由一个承包人完成的建设工程肢解成若干部分发包给几个承包人。总承包人或者勘察、设计、施工承包人经发包人同意，可以将自己承包的部分工作交由第三人完成。第三人就其完成的工作成果与总承包人或者勘察、设计、施工承包人向发包人承担连带责任。承包人不得将其承包的全部建设工程转包给第三人或者将其承包的全部建设工程肢解以后以分包的名义分别转包给第三人。禁止承包人将工程分包给不具备相应资质条件的单位。禁止分包单位将其承包的工程再分包。建设工程主体结构的施工必须由承包人自行完成。"《建筑法》第二十八条、第二十九条规定："禁止承包单位将其承包的全部工程转包给他人，施工总承包的，建筑工程主体结构的施工必须由总承包单位自行完成。"本案中B建设工程总公司作为总承包人不自行施工，而将工程全部转包他人，虽经发包人同意，但违反禁止性规定，亦为违法行为。

案例分析6.2：施工质量责任、竣工验收、工程保修

某建筑公司与某学校签订《建设工程施工合同》，明确承包方（建筑公司）保质、保量、保工期完成发包方的教学楼施工任务。工程竣工后，承包方向发包方提交了竣工报告。发包方认为双方合作愉快，为不影响学生上课，还没有组织验收，便直接使用了。使用中发包方发现教学楼存在质量问题，遂要求承包方修理。承包方则认为工程未经验收，发包方提前使用，出现质量问题，承包方不再承担责任。

问题：

1. 依据有关法律、法规，该质量问题的责任应由哪一方承担？
2. 工程未经验收，业主提前使用，可否视为工程已交付，承包方不再承担责任？
3. 发生上述问题，承包方的保修责任应如何履行？
4. 上述纠纷，业主和承包方可以通过哪种方式解决？

案例评析要点：本案主要涉及施工质量责任、竣工验收、工程保修、争议解决等方面。

问题1：根据《建设工程施工合同（示范文本）》中规定，发包人应按合同约定及时组织竣工验收。建设工程经验收合格后，方可交付使用。未经验收或验收不合格的，不得交付使用。未经竣工验收，发包人使用的工程质量问题的责任应由业主承担。所以，该案中，依据有关法律、法规，该质量问题的责任应由业主学校来承担。本案中，学校作为发包人，在收到承包方送交的竣工验收报告后，应在28天内组织有关部门验收，并在验收14天内给予认可或者提出修改意见。如发包人收到承包人送交的竣工验收报告后28天内不组织验收，或者在验收后14天内不提出修改意见，则视为竣工验收报告已经被认可。发包人收到承包人竣工验收报告后28天内不组织验收，从第29天起承担工程保管及一切意外责任。

问题2：工程未经验收，业主提前使用，可视为业主已接收该项工程，但不免除承包方负责保修期的保修责任。

问题3：发生上述问题，承包方保修责任应依据《建设工程质量管理条例》等相关保修规定履行。

问题4：对于出现的上述纠纷，业主和承包方可通过协商、调解解决，或按合同条款

规定去仲裁或诉讼。

练习思考题

1. 单选题

（1）根据《建设工程施工合同（示范文本）》(GF—2017—0201)，当中标通知书、图纸和专用合同条款出现含义或内容矛盾时，合同文件的优先解释顺序是（　　）。

A. 图纸—专用合同条款—中标通知书

B. 图纸—中标通知书—专用合同条款

C. 中标通知书—图纸—专用合同条款

D. 中标通知书—专用合同条款—图纸

（2）隐蔽工程在隐蔽前，（　　）应当通知建设单位和建设工程质量监督机构。

A. 设计单位　B. 施工单位　C. 分包单位　D. 监理单位

（3）建设工程质量保修制度是指建设工程在办理竣工验收手续后，在规定的保修期内，因勘察、设计、施工、材料等原因造成的质量缺陷，应当由施工承包单位负责维修、返工或更换，由（　　）负责赔偿损失。

A. 建设单位　B. 施工单位　C. 责任单位　D. 设计单位

（4）根据《建设工程质量管理条例》，屋面防水工程、有防水要求的卫生间、房间和外墙面防渗漏的最低保修期为（　　）。

A. 1年　B. 2年　C. 5年　D. 设计合理使用年限

（5）根据《建设工程质量管理条例》关于质量保修制度的规定，地基基础和主体结构的最低保修期为（　　）。

A. 1年　B. 2年　C. 5年　D. 设计合理使用年限

（6）某工程主体结构六层梁板钢筋绑扎完毕后，监理工程师接到通知未能按时到场检验，造成施工方延迟浇注混凝土、此事件中由（　　）向施工单位承担违约责任。

A. 建设单位　B. 施工单位　C. 监理单位　D. 设计单位

（7）因承包方的原因致使建设工程质量不符合约定的，发包人有权要求施工人在合理期限内无偿修理或者返工、改建。经过修理或者返工、改建后，造成逾期交付的，承包方应当承担（　　）。

A. 违约责任　B. 法律责任　C. 缔约过失责任　D. 侵权责任

（8）建筑工程实行总承包的，工程质量由总承包单位负责，总承包单位将建筑工程分包给其他单位的，应当对分包工程的质量与分包单位承担（　　）。

A 一般责任　B. 连带责任　C. 违约责任　D. 违法责任

（9）根据《建设工程质量管理条例》规定，总承包单位依法将建设工程分包给其他单位的，分包单位应当按照分包合同的约定对其分包工程的质量向（　　）负责，总承包单位与分包单位对分包工程的质量承担连带责任。

A. 总承包单位　B. 建设单位　C. 监理单位　D. 设计单位

（10）《合同法》规定隐蔽工程在隐蔽以前，承包人应当通知（　　）检查。如果没有及时检查的，承包人可以顺延工程日期，并有权要求赔偿停工、窝工等损失。

A. 质量监督员　　B. 发包人　　C. 设计人　　D. 勘察人

(11) 根据我国相关法律，对建筑材料、建筑构配件、设备和商品混凝土进行检验是(　　) 的义务，未经检验或检验不合格的，不得使用。

A. 施工单位　　B. 监理单位　　C. 建设单位　　D. 设计单位

(12) 分包单位应当服从总承包单位的安全生产管理，包括遵守安全生产责任制度及相关规章制度、岗位操作要求等。分包单位不服从管理导致生产安全事故的，由分包单位承担(　　)。

A. 连带责任　　B. 按份责任　　C. 次要责任　　D. 主要责任

(13) 关于工程分包，以下说法正确的是(　　)。

A. 承包单位不得将其承包的全部工程肢解以后以分包的名义分别转包给他人

B. 总承包单位将工程分包给不具备相应资质条件的单位

C. 分包单位可以将其承包的工程再分包

D. 总承包单位擅自将承包的部分工程发包给具有相应资质条件的分包单位

(14) 某工程项目施工现场由建设单位采购的一批钢筋，对这批材料的检查，下列说法正确的是(　　)。

A. 对钢筋的质量检查应属于监理单位的责任

B. 对钢筋的质量检查应属于施工单位的责任

C. 监理工程师和施工单位均不需要再对其进行检查

D. 对钢筋的质量检查应属于建设单位的责任

(15) 施工合同履行过程中，某工程部位的施工具备隐蔽条件，经工程师中间验收后继续施工，工程师又发出重新剥露该部位检查的通知，承包人执行了指示，重新检验结果表明，施工质量存在缺陷，承包人修复后再次隐蔽，工程师对该事件的处理方式为(　　)。

A. 补偿费用，不顺延合同工期　　B. 顺延合同工期，不补偿费用

C. 费用和工期损失均给予补偿　　D. 费用和工期损失均不补偿

(16) 某工程项目，承包人于2016年5月1日提交了工程竣工报告，5月15日通过了工程师组织的工程预验收，5月25日发包人组织工程验收，5月28日参加验收的有关各方在验收记录上签字，承包人的竣工日期应确定为(　　)。

A. 5月1日　　B. 5月15日　　C. 5月25日　　D. 5月28日

(17) 为了明确划分由于政策法规变化或市场物价浮动对合同价格影响的责任，《建设工程施工合同（示范文本）》(GF—2017—0201) 中的通用条款规定的基准日期是指(　　)。

A. 投标截止日前第14天

B. 投标截止日前第28天

C. 招标公告发布之日前第14天

D. 招标公告发布之日前第28天

(18) 根据《建设工程施工合同（示范文本）》(GF—2017—0201)，投保“建筑工程一切险”的正确做法是(　　)。

A. 承包人负责投保，并承担办理保险的费用

B. 发包人负责投保，并承担办理保险的费用

C. 承包人负责投保，发包人承担办理保险的费用

D. 发包人负责投保，承包人承担办理保险的费用

2. 多选题

(1) 由国家住建部和国家工商行政管理总局颁发的《建设工程施工合同（示范文本）》，该《建设工程施工合同（示范文本）》的组成部分有（　　）。

A. 专用条件　B. 专用条款　C. 通用条件　D. 通用条款

E. 协议书

(2) 下列工作中属于发包人的义务有（　　）。

A. 办理土地征用　B. 提供必要施工条件

C. 及时检查隐蔽工程　D. 支付工程价款

E. 负责现场施工的环境卫生

(3) 当分包工程发生质量、安全、进度等方面问题给建设单位造成损失时，建设单位可以向（　　）要求承担损害赔偿责任。

A. 总承包单位　B. 分包单位　C. 监理单位　D. 设计单位

E. 勘察单位

(4) 下列属于承包人的主要义务有（　　）。

A. 工程质量不符合约定时负责修理　B. 接受发包人检查

C. 及时验收工程　D. 提供必要的施工条件

E. 平整施工场地

(5) 以下是发包人义务的有（　　）。

A. 及时检查隐蔽工程

B. 及时验收工程

C. 建设工程质量不符合约定的无偿修理

D. 接受发包人有关检查

E. 提供必要施工条件

(6) 下列工作中，属于发包人义务的有（　　）。

A. 不得违法发包　B. 提供必要的施工条件

C. 及时检查隐蔽工程　D. 支付工程款

E. 负责现场施工的环境卫生

(7) 根据《建设工程质量管理条例》规定，在正常使用条件下，下列建设工程的最低保修期限说法不正确的是（　　）。

A. 主体结构工程为设计文件规定的合理使用年限

B. 地基基础工程为 10 年

C. 设备安装和装修工程为 3 年

D. 屋面防水工程为 10 年

E. 卫生间防水为 5 年

(8) 下列义务中，属于施工合同发包人的有（　　）。

A. 按合同约定的时间移交主要公路至施工现场的通道

B. 按合同约定的时间移交施工现场内的交通道路

C. 以书面形式提供水准点与坐标控制点的数据资料

D. 提供非夜间施工使用的照明设施

E. 办理因施工需中断的公共交通道路的申请批准手续

(9) 根据《建设工程施工合同（示范文本）》（GF—2017—0201），关于签约合同价的说法，正确的有（　　）。

A. 签约合同价不包括承包人利润

B. 签约合同价即为中标价

C. 签约合同价包含暂列金额、暂估价

D. 签约合同价是承包方履行合同义务后应得的全部工程价款

E. 签约合同价应在合同协议书中写明

3. 思考题

(1) 简述建设工程施工合同的概念和特点。

(2) 简述建设工程施工合同示范文本的特点、组成及其优先解释顺序。

(3) 简述建设工程施工合同发包人与承包人的一般权利和义务。

4. 案例分析题

某施工单位通过对某工程的投标获得了该工程的承包权，并与建设单位签订了施工总价合同。施工过程中发生如下事件：

(1) 基础施工时，建设单位负责供应的混凝土预制桩供应不及时，使该工作延误4天。

(2) 建设单位因资金困难，未按时支付月进度款，承包方停工10天。

(3) 主体施工期，施工单位与某材料供应商签订了室内隔墙板供销合同，合同约定，如供方不能按照约定的时间供货，每天赔偿订购方合同价0.05%的违约金。供货方因原材料问题未能按时供货，拖延8天。

(4) 施工单位根据合同工期要求，冬季继续施工。为保证施工质量采取了多项技术措施，由此造成的额外的费用开支20万元。

(5) 施工单位进行设备安装时，因为业主选定的设备供应商接线错误导致设备损坏，使施工单位安装调试工作延误5天，损失12万元。

以上事件中，施工耽误的工期和增加的费用由谁承担？请说明理由。

第7章　建设工程施工索赔

教学目标　掌握施工索赔概念及分类；掌握施工索赔程序；熟悉费用、工期索赔的计算方法；具有初步编写索赔报告和正确处理索赔的能力。

7.1　建设工程施工索赔概述

7.1.1　施工索赔的概念及特征

7.1.1.1　施工索赔的概念

施工索赔是指施工合同当事人在合同实施过程中，根据法律、合同规定及惯例，对并非由自身过错而造成的损失，向合同另一方当事人提出补偿要求的行为。索赔要求可以是费用补偿或时间延长。

7.1.1.2　施工索赔的特征

从施工索赔的基本含义，可以看出施工索赔具有以下基本特征。

1. 索赔是双向的

在建设工程的各个阶段都有可能发生索赔，索赔是双向的，不仅承包人可以向发包人索赔，发包人也可以向承包人索赔。由于实践中发包人向承包人索赔发生的概率相对较低，且在索赔处理中，发包人始终处于主动和有利地位，对承包人的违约行为他可以直接从应付工程扣抵、扣留保留金或通过履约保函向银行索赔来实现对自己的索赔要求。因此在工程实践中大量发生的、处理较困难的是承包人向发包人的索赔，也是工程师进行合同管理的重点内容之一。承包人的索赔范围非常广泛，一般只要因非承包人自身责任造成其工期延长或成本增加，都有可能向发包人提出索赔。有时发包人违反合同，如未及时交付施工图纸、提供施工现场不合格、决策错误等造成工程修改、停工、返工、窝工，以及未按合同规定支付工程款等，承包人可向发包人提出赔偿要求；也可能由于发包人应承担风险的原因，如恶劣气候条件影响、国家法规修改等造成承包人损失或损害时，也会向发包人提出补偿要求。

2. 只有实际发生了经济损失或权利损害，一方才向对方索赔

经济损失是指因对方因素造成合同外的额外支出，如人工费、材料费、机械费、管理费等额外开支；权利损害是指虽然没有经济上的损失，但造成了一方权利的损害，如由于恶劣气候条件对工程进度的不利影响，承包人有权要求工期延长等。因此，发生了实际的经济损失或权利损害，应是一方提出索赔的一个基本前提条件。有时上述两者同时存在，如发包人未及时交付合格的施工现场，既造成承包人的经济损失，又侵犯了承包人的工期权利。因此，承包人既要求经济补偿，又要求工期延长；有时两者则可单独存在，如恶劣

气候条件影响、不可抗力事件等，承包人根据合同规定或惯例，则只能要求工期延长，不应要求经济补偿。

3. 索赔是一种未经对方确认的单方行为

它与我们通常所说的工程签证不同。在施工过程中签证是承发包双方就额外费用补偿或工期延长等达到一致的书面证明材料和补充协议，它可以直接作为工程款结算或最终增减工程造价的依据，而索赔则是单方面行为，对对方尚未形成约束力，这种索赔要求能否得到最终实现，必须要通过确认（如双方协商、谈判、调解或仲裁、诉讼）后才能实现。

许多人一听到“索赔”二字，很容易联想到争议的仲裁、诉讼或双方激烈的对抗，因此，往往认为应当尽可能避免索赔，担心因索赔而影响双方的合作或感情。实质上索赔是一种正当的权利或要求，是合情、合理、合法的行为，它是在正确履行合同的基础上争取合理的偿付，不是无中生有、无理争利。索赔同守约、合作并不矛盾、对立，索赔本身就是市场经济中合作的一部分，只要是符合有关规定的、合法的或者符合有关惯例的，就应该理直气壮、主动地向对方索赔。大部分索赔都可以通过协商谈判和调解等方式获得解决，只有在双方坚持己见而无法达成一致时，才会提交仲裁或诉诸法院求得解决。即使诉诸法律程序，也应当被看成是遵法守约的正当行为。

7.1.2　施工索赔的分类

施工索赔分类的方法很多，依据不同的标准可进行不同的分类。

7.1.2.1　按索赔的目的分类

按索赔的目的可将工程索赔分为工期索赔和费用索赔。

1. 工期索赔

工期索赔是指承包人对施工中发生的非承包人责任的原因而导致施工进程延误，向发包人提出顺延合同工期的索赔。工期索赔形式上是对权利的要求，以避免在原定合同竣工日不能完工时，被发包人追究拖期违约责任。一旦获得批准合同工期顺延后，承包人不仅免除了承担拖期违约赔偿费的严重风险，而且可能提前工期得到奖励，最终仍反映在经济收益上。

2. 费用索赔

费用索赔是指承包人对施工中发生的非承包人直接或间接责任事件造成的合同价外费用支出，向发包人提出的赔偿要求。费用索赔的目的是要求经济补偿。

7.1.2.2　按索赔的合同依据分类

按索赔的合同依据可将工程索赔分为合同中明示的索赔、合同中默示的索赔和道义索赔。

1. 合同中明示的索赔

合同中明示的索赔是指承包人所提出的索赔要求，在该工程项目的合同文件中有文字依据，承包人可以据此提出索赔要求，并取得经济补偿。这些在合同文件中有文字规定的合同条款，称为明示条款。

2. 合同中默示的索赔

合同中默示的索赔是指承包人的该项索赔要求，虽然在工程项目的合同条款中没有专门的文字叙述，但可以根据该合同某些条款的含义，推论出承包人有索赔权。这种索赔要求，同样有法律效力，有权得到相应的经济补偿。这种有经济补偿含义的条款，在合同管理工作中被称为“默示条款”或称为“隐含条款”。默示条款是一个广泛的合同概念，它包含合同明示条款中没有写入、但符合双方签订合同时设想的愿望和当时环境条件的一切条款。这些默示条款，或者从明示条款所表述的设想、愿望中引申出来，或从合同双方在法律上的合同关系中引申出来，经合同双方协商一致，或被法律和法规所指明，都成为合同文件的有效条款，要求合同双方遵照执行。

3. 道义索赔

道义索赔俗称通融索赔或优惠索赔，承包人在施工过程中因意外困难遭受损失，但无合同和法律依据，向业主提出给予适当经济补偿的要求，通情达理的业主从自身利益和道义考虑，往往会给承包人以同情的照顾。这种索赔主动权在业主手中，在实践中并不多见，是业主与承包人双方友好合作精神的体现。

7.1.2.3 按索赔事件的性质分类

按索赔事件的性质可将工程索赔分为工程延误索赔、工程变更索赔、合同被迫终止索赔、工程加速索赔、意外风险和不可预见因素索赔以及其他索赔。

1. 工程延误索赔

工程延误索赔是指因发包人未按合同要求提供施工条件，如未及时交付设计图纸、施工现场、道路等，或因发包人指令工程暂停或不可抗力事件等原因造成工期拖延，承包人对此提出的索赔。这是工程中常见的一类索赔。

2. 工程变更索赔

工程变更索赔是指由于发包人或监理人指令增加或减少工程量或增加工程量、修改设计、变更工程顺序等，造成工期延长和费用增加，承包人对此提出的索赔。

3. 合同被迫终止索赔

合同被迫终止索赔是指由于发包人或承包人违约以及不可抗力事件等原因造成合同非正常终止，无责任的受害方因其蒙受经济损失而向对方提出的索赔。

4. 工程加速索赔

工程加速索赔是指由于发包人或承包人加快施工速度、缩短工期，引起承包人人力、财力和物力等的额外开支而提出的索赔。

5. 意外风险和不可预见因素索赔

意外风险和不可预见因素索赔是指在工程实施过程中，由于人力不可抗拒的自然灾害、特殊风险及一个有经验的承包人通常不能合理预见的不利施工条件或外界障碍，如地下水、地质断层、溶洞、地下障碍物等引起的索赔。

6. 其他索赔

其他索赔是指由于汇率变化、货币贬值、工资、物价上涨、政策法令变化等引起的索赔。

7.1.2.4 按索赔的处理方式分类

按索赔的处理方式可将工程索赔分为单项索赔和综合索赔。

1. 单项索赔

单项索赔是指采取一事一索赔的方式，即在每一件索赔事项发生后，报送索赔通知书，编报索赔报告，要求单项解决支付，不与其他索赔事项混在一起。它是工程索赔通常采用的方式，避免了多项索赔的相互影响和制约，解决起来较为容易。单项索赔往往规定必须在索赔有效期内完成，我国的《建设工程施工合同（示范文本）》（GF—2017—0201）中规定，索赔事件发生28天内，要向工程师发出索赔意向通知，超过规定索赔有效期则该索赔无效。

2. 综合索赔

综合索赔又称总索赔、一揽子索赔，是对整个工程中发生的多起索赔事项，综合在一起进行索赔。一般在工程竣工结算前，将工程施工过程中未解决的或承包人对发包人答复不满意的单项索赔集中起来，提出一份综合索赔报告，以求综合在一起索赔。由于综合索赔是由多个干扰事件交织在一起，影响因素复杂，证据搜集困难，无法正确进行责任分析和索赔值的计算，使得索赔处理和谈判非常艰难，加上综合金额一般较大，往往需要承包人作出较大让步才能解决。综合索赔是在特定情况下被迫采用的一种索赔方法，在进行施工索赔时，一定要把握有利时机，力争单项索赔，对于实在不能单项解决，需要综合索赔的，也应当在工程建成移交前完成主要的谈判和付款，这是比较理想的解决索赔方案。否则拖到工程移交后，失去合同约束，承包人将在索赔中处于非常不利的地位。

7.1.3 施工索赔成立的条件

7.1.3.1 索赔事件

索赔事件，又称干扰事件，是指那些使实际情况与合同规定不符合，最终引起工期和费用变化的各类事件。在工程实施过程中，要不断跟踪、监督索赔事件，就可以不断地发现索赔机会。通常，承包人可以提起索赔的事件包括：

（1）发包人违反合同给承包人造成时间、费用的损失。

（2）因工程变更（含设计变更、发包人提出的工程变更、监理工程师提出的工程变更，以及承包人提出并经监理工程师批准的变更）造成时间、费用的损失。

（3）由于监理工程师对合同文件的歧义解释、技术资料不确切，或由于不可抗力导致施工条件的改变，造成时间、费用的损失。

（4）发包人提出提前完成项目或缩短工期而造成承包人费用的增加。

（5）发包人延误支付期造成承包人的损失。

（6）对合同规定以外的项目进行检验，且检验合格，或非承包人的原因导致项目缺陷的修复所发生的时间、费用的损失。

（7）非承包人原因导致工程暂时停工。

（8）物价上涨，法规变化及其他。

7.1.3.2 索赔成立的前提条件

索赔的成立，应该同时具备以下三个前提条件，缺一不可。

（1）与合同对照，事件已经造成承包人项目成本的额外支出，或直接工期损失。

（2）造成费用增加或工期损失的原因，按合同约定不属于承包人的行为责任或风险责任。

(3) 承包人按合同规定的程序和时间提交索赔意向通知和索赔报告。

7.1.3.3 索赔的依据

(1) 招标文件、合同文件及附件等资料。

(2) 往来的书面文件。

(3) 施工合同协议及附属文件。

(4) 业主或监理签认的认证。

(5) 施工现场记录。

(6) 工程会议记录。

(7) 气象资料、工程检查验收报告和各种技术鉴定报告，工程中送停水、电、道路开通和封闭的记录和证明。

(8) 工程财务资料。

(9) 工程检查和验收报告。

(10) 国家法律、法令、政策文件。

7.1.4 施工索赔管理的特点及原则

施工索赔管理是指通过一系列计划、组织、协调与控制活动，采取预防、谈判等手段，利用合同条款对已发生的损失按合同条款向对方追索，预防索赔事件的发生及向对方提出索赔的反驳等一系列管理活动的总称。

7.1.4.1 索赔管理的特点

要健康地开展工程索赔工作，必须全面认识索赔，完整理解索赔，端正索赔动机，这样才能正确对待索赔，规范索赔行为，合理地处理索赔事件。因此，发包人、工程师和承包人要对工程索赔工作的特点有全面的认识和理解。

(1) 索赔工作贯穿于工程项目的全过程。

(2) 索赔是一门融工程技术和法律于一体的综合学问和艺术。

(3) 影响索赔成功的相关因素多。

7.1.4.2 索赔管理的原则

(1) 客观性原则。

(2) 合法性原则。

(3) 合理性原则。

7.1.4.3 索赔管理工作的要点

(1) 要做好索赔管理工作应做好以下几点：

1) 正确理解索赔的性质，把握索赔的尺度。

2) 索赔必须以合同为依据。

3) 必须注意资料的积累，及时收集索赔证据。

4) 遵守程序和时限，及时合理地处理索赔。

5) 处理索赔还必须注意索赔计算的合理性。

(2) 做好索赔工作需要具备以下三方面知识：

1）熟悉有关法律法规。

2）熟练掌握并灵活运用国家有关计价政策，及时收集、掌握省市有关工程造价方面的政策及文件。

3）要有一定的施工经验，熟悉工程施工的实际情况和施工规范。

在进行索赔时，必须做到“理由充分、证据确凿”。如果没有有关法律、政策规定作依据，索赔理由就很难成立；如果没有充足的证据，索赔就不能成功；如果存在分歧较大，应及时请有关方面进行调解或仲裁，必要时可通过诉讼方式来维护自己的权益。

7.1.5 施工索赔的程序

7.1.5.1 《建设工程施工合同（示范文本）》(GF—2017—0201) 通用条款规定的施工索赔程序

1. 承包人的索赔

(1) 索赔意向通知。在索赔事件发生后，承包人应在索赔事件发生后的28天内向监理人递交索赔意向通知书，并说明发生索赔事由。如果超过这个期限，监理人和发包人有权拒绝承包人的索赔要求。

(2) 递交索赔报告。承包人应在提交索赔意向通知书后的28天内向监理人递交正式的索赔报告。索赔报告应详细说明索赔理由以及要求追加的付款金额和（或）延长的工期，并附必要的记录和证明材料。

如果索赔事件的影响持续存在，28天内还不能计算出索赔金额和延长工期天数的，承包人应按监理人合理要求的时间间隔（一般为28天）定期陆续递交延续索赔通知，详细说明每个时间段内的索赔证据资料和索赔要求。在索赔事件影响结束后的28天内，承包人应向监理人递交最终的索赔报告，并说明最终要求索赔的追加付款金额和（或）延长的工期，并附必要的记录和证明材料。

(3) 对承包人索赔的处理。

1）监理人收到索赔报告后的14天完成审查并报送发包人。监理人对索赔报告有异议的，有权要求承包人提交全部原始记录的副本。

2）发包人应在监理人收到索赔报告或有关索赔的进一步证明材料后的28天内，由监理人向承包人出具经发包人签署的索赔处理结果。如发包人未能在期限内作出答复，则应视为同意承包人的索赔要求。

3）承包人接受索赔处理结果的，索赔款项在当期进度款中进行支付；承包人不接受索赔处理结果的，按照争议解决的约定处理。

2. 发包人的索赔

(1) 索赔意向通知。发包人应在知道或应当知道索赔事件发生后的28天内通过监理人向承包人提出索赔意向通知书，发包人未在前述28天内发出索赔意向通知书的，丧失要求赔付金额和（或）延长缺陷责任期的权利。

(2) 递交索赔报告。发包人应在发出索赔意向通知书后的28天内，通过监理人向承包人递交正式的索赔报告。

(3) 对发包人索赔的处理。

1）承包人收到发包人提交的索赔报告后，应及时审查索赔报告的内容，并检查发包人的证明材料。

2）承包人应在收到索赔报告或索赔的进一步证明材料后的28天内答复发包人。如承包人未能在期限内作出答复，则应视为同意发包人的索赔要求。

3）承包人接受索赔处理结果的，发包人可以从应支付给承包人的合同价款中扣除赔偿金或延长缺陷责任期；发包人不接受索赔处理结果的，按合同争议解决的约定处理。

7.1.5.2　FIDIC合同条件规定的工程索赔程序

FIDIC合同条件只对承包人的索赔做了规定，工程索赔程序如下。

1. 索赔意向通知

如果承包人认为有权得到竣工时间的任何延长期和（或）任何追加付款，承包人应当向监理人发出通知，说明索赔事件或情况。该通知应当尽快在承包人察觉或应当察觉该事件或事件后的28天内发出。如果承包人未能在前述的28天内发出索赔通知，则竣工时间不得延长，承包人无权获得追加付款，而业主应免除有关该索赔的全部责任。

2. 递交索赔报告

在承包人察觉或应当察觉该事件或情况后的42天内，或在承包人可能建议并经工程师认可的其他期限内，承包人应当向工程师递交一份充分详细的索赔报告，包括索赔的依据、要求延长的时间和（或）追加付款的全部详细资料。

如果引起索赔的事件或情况具有连续影响，则：

（1）上述充分详细索赔报告应被视为中间的报告。

（2）承包人应当按月递交进一步的中间索赔报告，说明累计索赔延误时间和（或）金额，以及所有可能的合理要求的详细资料。

（3）承包人应当在索赔的事件或情况产生影响结束后的28天内，或在承包人可能建议并经工程师认可的其他期限内，递交一份最终索赔报告。

3. 工程师的答复

工程师应在收到索赔报告或对过去索赔的任务进一步证明资料后的42天内，或在工程师可能建议并经承包人认可的其他期限内，作出回应，表示批准、或不批准、或不批准并附具体意见。工程师应当商定或确定给予竣工时间的延长期及承包人有权得到的追加付款。

7.2　施工索赔报告

7.2.1　施工索赔报告的内容

施工索赔报告是向对方提出索赔要求的书面文件，是承包人对索赔事件处理的结果，它决定了承包人索赔的成败，是索赔要求能否获得有利和合理解决的关键。

施工索赔报告的具体内容随该索赔事件的性质和特点而有所不同，但从报告的必要内容与文字结构方面而论，一个完整的施工索赔报告应包括以下四部分。

7.2.1.1 总论部分

总论一般包括：序言、索赔事项概论、具体索赔要求、索赔报告编写及审核人员名单。

总论部分的阐述要简明扼要，说明问题。首先应概要论述索赔事件的发生日期与过程；施工单位为该索赔事件所付出的努力和附加开支；施工单位的具体索赔要求；索赔报告编写组主要人员及审核人员的名单，注明有关人员的职称、职务及施工经验，以表示该索赔报告的严肃性和权威性。

7.2.1.2 根据部分

本部分主要说明自己具有的索赔权利，这是索赔能否成立的关键。

本部分的内容主要来自该工程项目的合同文件，并参照有关法律规定，应引用合同中的具体条款，说明自己理应获得的经济补偿或工期延长。篇幅可能很长，具体内容随各个索赔事件的特点而不同。一般地说，本部分包括：索赔事件的发生情况、已递交索赔意向书的情况、索赔事件的处理过程、索赔要求的合同根据、所附的证据资料等。

在文字结构上，按索赔事件发生、发展、处理和最终解决的过程编写，并明确索赔报告引用有关的合同条款，使建设单位和监理工程师能历史地、逻辑地了解索赔事件的始末，并充分认识该项索赔的合理、合法性。

7.2.1.3 计算部分

索赔计算的目的是以具体的计算方法和计算过程，说明自己应得的经济补偿或工期延长。如果说根据部分的任务是解决索赔能否成立，计算部分的任务则是决定应得到多少索赔金额和工期。前者是定性的，后者是定量的。

本部分包括：索赔款的要求总额、各项索赔款的计算、各项开支的计算依据及证据资料、采用合适的计价方法。还要注意每项开支款的合理性，并指出相应的证据资料的名称及编号，切忌采用笼统的计价方法和不实的开支款额。

7.2.1.4 证据部分

本部分是索赔报告的重要组成部分，没有翔实可靠的证据，索赔很难获得成功。它包括该索赔事件所涉及的一切证据资料，及对这些证据的说明。

索赔证据资料的范围很广，常见的工程索赔证据有很多种类：

（1）工地会议记录和有关工程的来往信件。

（2）各种施工进度表，包括发包人代表和分包编制的进度表。

（3）施工备忘录（日记），在施工中发生影响工期和索赔有关的事项，都要及时做好记录。按年月日顺序号存档，以便查找。

（4）建筑师和工程师的口头指示记录，及时以书面形式报告建筑师和工程师予以承认。

（5）工程照片，需有专人管理，照片应标明拍摄日期，最好购买带有日期的相机，将照片按工程进度整理编排。

（6）收集、记录每天的气象报告和实际气候情况。

（7）整理保存工人和雇员的工资与薪金单据、材料物资购买单据，按年月日编号归档。

（8）完整的工程会计资料，包括工卡、人工分配表、注销工资薪金支票、材料购买订货单、收讫发票、收款票据、账目及有关图表、财务信件、经会计师核证的财务决算表等。

（9）所有合同表述文件、合约图纸、修改增加图纸、计划工程进度表、人工日报表、材料设备进场报表及账单（工程付款单）等需归档保存入档。

（10）国家法律、法令、政策文件。

7.2.2 编写施工索赔报告的一般要求

索赔报告具有法律效力的正规书面文件，重大的索赔，最好在律师或索赔专家的指导下进行。编写索赔报告的一般要求如下：

（1）索赔的依据和基础资料以及计算数据应当准确无误。

（2）索赔的计算方法和要求索赔的款项应当实事求是，合情合理。

（3）文字简练、条理清晰、资料齐全，具有说服力。

7.3 索赔的计算

施工索赔的计算分为工期索赔和费用索赔两种计算形式。

7.3.1 工期索赔计算

工期索赔的目的是取得发包人对于合理延长工期的合法性的确认。工期索赔主要依据合同规定的总工期计划、进度计划及双方共同认可的工期修改文件、调整计划和受干扰后实际工程进度记录，如施工日记、工程进度表等。工期索赔的计算主要有网络图分析法和比例计算法两种。

7.3.1.1 网络图分析法

网络图分析法是利用进度计划网络图分析其关键线路。如果延误的工作为关键工作，则延误的时间为索赔的工期；如果延误的工作为非关键工作，当该工作由于延误超过时差限制而成为关键工作时，可批准的索赔工期是延误时间与时差的差值；若该工作延误后仍为非关键工作，则不存在工期索赔的问题。

（1）由于非承包人原因造成关键线路上的工序暂停施工。

$$\text{工期索赔值}=\text{关键线路上的工序暂停施工的天数}$$

（2）由于非承包人原因造成非关键线路上的工序暂停施工。

$$\text{工期索赔值}=\text{工序暂停施工的天数}-\text{该工序的总时差天数}$$

7.3.1.2 比例计算法

比例计算法是通过分析增加或减少的分部分项工程量（或工程造价）与合同总量的比值，推断出增加或减少的工期。

（1）按工程量进行比例计算。

$$\text{工期索赔值}=\text{原合同总工期}\times\frac{\text{额外增加的工程量}}{\text{原合同工程量}}$$

（2）按工程造价进行比例折算。

$$\text{工期索赔值}=\text{原合同总工期}\times\frac{\text{额外增加的工程量价格}}{\text{原合同总价}}$$

7.3.2 费用索赔计算

费用索赔是施工索赔的主要内容。承包人通过费用索赔，要求发包人对索赔事件引起的直接损失和间接损失给予合理的经济补偿。费用项目构成、计算方法与合同报价中基本相同，但是具体的费用构成内容却因索赔事件性质不同而有所不同。费用索赔的计算主要有实际费用法、总费用法、修正的总费用法三种方法。

7.3.2.1 实际费用法

实际费用法是把各索赔事件所引起损失的费用项目分别分析计算索赔值，并将其汇总，从而得到总索赔金额的方法。

索赔费用＝每个或每类索赔事件的索赔费用之和

这种方法较为复杂，但能客观反映施工单位的实际损失，易被当事人接受，在国际工程中被广发采用。

7.3.2.2 总费用法

总费用法又称总成本法，就是计算出该索赔工程已实际开支的总费用，减去工程预算造价，即是索赔费用额。

索赔费用＝工程结算造价－工程预算造价（或合同价）

该方法简单但不尽合理，一方面由于实际完成工程的总费用中可能包括由于施工单位的原因（如管理不善、效率低、材料浪费等）所增加的费用，而这些费用是属于不该索赔的；另一方面原合同价也可能因工程变更或单价合同中工程量的变化等原因，不能代表真正的工程成本。所以此方法在难以采用实际费用法时才应用。

7.3.2.3 修正的总费用法

修正的总费用法是对总费用法的改进，是在总费用计算的基础上，去除一些不合理因素，对某些方面进行修正和调整，使结果更合理。修正内容主要如下：

（1）计算索赔款的时段局限于受外界影响的时段，而不是整个工期。

（2）计算受影响时段内的某项工作所受影响的损失，而不是所有工作所受的损失。

（3）与该项工作无关的费用不列入总费用中。

（4）重新核算投标报价费用，按受影响时段内该项工作的实际单价，乘以实际完成该项工作的工作量计算，得出调整后的报价费用。

修正后的总费用计算索赔金额为：

索赔金额＝某项工作调整后的实际总费用－该项工作的报价费用

修正后的总费用法与总费用法相比，有了实质性改进，其准确程度已接近于实际费用法，可比较合理地计算出受索赔事件影响而实际增加的费用。

7.4 监理人在处理索赔中的职责

在工程建设项目承包合同中，监理工程师既不是承包合同签约的一方，也不是业主的雇员，而是承包合同签约双方以外的第三方，他是以自己高超的专业技术职能和特定的法律地位工作，在业主与承包人签订承包合同中及在与业主签订的监理委托合同中被授予特殊的权力，受业主的委托和授权代表业主决定工程技术方面的重大问题，提供高质量的服务，控制监督施工的质量、工期和造价，以保证工程建成后符合业主的建设目的。

监理工程师在处理索赔事件时，不能只是单方面地偏袒业主利益，而要站在独立、公平、公正、科学的立场上，要考虑作出的决定是否会对承包人利益造成损害。如若造成损害，要果断调整决定，使承包人的正当合法利益得到保护。

7.4.1　监理人在施工索赔中的作用

在发包人与承包人之间索赔事件的发生、处理和解决过程中，监理人是核心人物，是索赔争议的调解人和见证人，有处理索赔事项的权利，在整个合同的形成和实施过程中，对施工索赔有着十分重要的影响。

（1）监理人是索赔争议的调解人和见证人。

1）承发包双方发生索赔争议，通常首先提请监理人调解。

2）如果合同一方或双方对监理人的调解不满意，则可按合同规定提交仲裁，也可按法律程序提出诉讼。在仲裁或诉讼过程中，监理人作为工程全过程的参与者和管理者，可作为见证人提供证据，作出答辩。

（2）监理人有处理索赔事项的权利。

1）接到索赔意向通知后，监理人有权检查索赔者的原始记录。

2）监理人对索赔报告进行审查分析，有权反驳不合理的索赔要求，指令索赔人作出进一步解释或补充材料，提出审查处理意见。

3）索赔协商不一致时，监理人有权单方面作出处理决定。

4）对于合理的索赔要求，监理人有权将索赔款纳入工程进度款中，出具付款证书，发包人应在合同规定期限内支付。

（3）监理人受发包人委托进行工程项目管理，对施工索赔将产生如下影响。

1）监理人的某些指令可能导致承包人提出索赔。监理人在工程项目管理中的失误，或在行使施工合同管理权力中使承包人发生额外损失时，承包人可向发包人提出索赔，发包人必须承担合同规定的赔偿责任。

2）监理人对合同管理有助于减少索赔事件的发生。监理人通过对合同履行过程的监督与跟踪，及早发现干扰事件，采取措施降低干扰事件的不利影响，减少损失，避免索赔。

7.4.2　监理人对索赔管理的任务

索赔管理是监理人进行工程项目管理的主要任务之一，其基本目标是：尽可能减少索赔事件的发生，公平合理地解决索赔问题。索赔管理的任务包括：

（1）预测与分析导致索赔的原因和可能性，防止发生工作疏漏引起的索赔。在施工合同的形成和实施过程中，监理人为发包人承担了大量的具体的技术、组织和管理工作。如果在这些工作中出现疏漏，给承包人施工造成干扰，就可能引起索赔。承包人的合同管理人员常常在寻找着这些疏漏，寻找索赔机会。所以监理人在工作中应能预测到自己行为的后果，堵塞漏洞。在起草文件、下达指令、作出决定、答复请示等时，都应注意到完备性和严密性；颁发图纸、编制计划和实施方案等时，都应考虑其正确性和周密性。

（2）通过有效的合同管理减少索赔事件发生。

1）监理人可以促进合同顺利履行。

2）监理人可以预测索赔事件的发生。

3）公正地处理和解决索赔事项。

7.4.3 监理人对索赔管理的原则

要使索赔得到公正合理的解决，监理人在工作中必须遵守以下原则。

1. 公正原则

（1）公正原则要求监理人从整体效益、工作总目标作出判断和索赔处理意见。

（2）公正原则要求监理人必须按照法律规定及合同约定处理索赔事项。

（3）从实际出发、实事求是。按照合同的实际实施过程、干扰事件的实情、承包人的实际损失和所提供的证据等，公正处理索赔事项。

2. 及时原则

在工程施工中，监理人必须及时地行使权力，作出决定，下达通知、指令，表示认可或满意等。及时履行职责有以下重要作用：

（1）可减少索赔机会。

（2）防止索赔事件影响的扩大。

（3）及时采取措施降低损失，掌握第一手资料。

（4）不及时处理索赔会加深双方矛盾，拖延影响合同的履行。

（5）不及时处理索赔会加大索赔解决的难度。

3. 其他原则

除了上述原则外，监理人在索赔处理中还需遵守《民法通则》《合同法》等法律的基本原则，比如：

（1）协商一致原则。监理人在处理索赔处理过程中，应和当事人双方充分协商，最好达成一致，取得共识，作出双方都满意的索赔处理意见。

（2）诚实信用原则。监理人有很大的工程管理权力，但承担的经济责任较小，并且缺少制约机制。因此监理人的工作在很大程度上依靠其自身的工作积极性和责任心、诚实和信用，靠其职业道德来维持。

7.4.4 监理人对索赔的审查

7.4.4.1 审查索赔的依据和证据

通过审查索赔的依据和证据，分清索赔事件的责任，明确索赔事件造成的损失的大小及对继续履行合同的影响，确定索赔赔偿额的计算方法等。

（1）合同文件中的责任条款、业主免责条件、承包人以前表示过放弃等。

（2）工程技术资料。合同规定的技术标准和技术规范、工程图纸、经监理人批准的施工进度计划等。

（3）合同履行过程中监理人的原始记录。来往函件、施工现场记录、施工会议记录、工程照片、发布的各种书面指令、中期支付工程进度款的单证、检查和试验记录、汇率变化表、各类财务凭证、承包人是否遵守索赔意向通知书的规定等。

7.4.4.2　审查工期延展要求

（1）分清施工进度延误的责任。不可原谅的延期：承包人原因造成的工期延误，这种延误不能批准延展合同工期。可原谅的延期：非承包人原因造成的工期延误，承包人可以进行工期索赔。

（2）被延误的工作应是影响施工总进度的施工内容。

（3）业主和监理人都无权要求承包人缩短合同工期。监理人在业主授权范围内有权批示承包人删减某些合同规定的工作内容，但不能要求相应缩短合同工期。如果业主要求提前竣工时，属于合同变更，承发包双方应另外签订提前竣工协议。

7.4.4.3　审查费用索赔要求

对于承包人的费用索赔，监理人应审核承包人索赔额计算的合理性和正确性。

7.4.5　监理人对索赔的反驳

索赔反驳是指反驳承包人不合理索赔或者索赔中的不合理部分，并非偏袒被索赔人。能否有力地反驳索赔，是衡量监理人工作成效的重要尺度。

7.4.5.1　反驳施工索赔的措施

（1）对承包人的施工活动进行日常现场检查，是监理人执行监理工作的基础。现场检查由监理人授权，必须始终留在现场，随时进行独立的情况记录；必要时应对某些施工情况拍摄照片作为资料。每天下班前写出工程检查日志，日志应特别指出承包人在哪些方面未达到合同或计划的要求。对工程检查日志汇总分析，找出施工中存在的问题及处理建议，由监理人代表或其授权代表书面通知承包人，为今后的索赔反驳提供依据。

（2）监理人事先编制承包人应提交的资料清单，以便随时核对承包人提交资料。承包人没有提交或提交的资料的格式等不符合要求的，及时记录在案，并通知承包人。这是索赔反驳时说明事件应由承包人自己负责的重要证据。

（3）监理人应了解材料、设备的到货情况。对于不符合合同要求的到货，应及时记录在案，并通知承包人。

（4）做好资料档案管理工作。监理人必须保存好与工程有关的全部文件资料，特别是独立采集的工程监理资料。

7.4.5.2　监理人可以对承包人的索赔提出质疑的情况

（1）索赔事项不属于发包人或监理人的责任，是与承包人有关的第三方的责任。

（2）发包人和承包人共同负有责任，承包人必须划分和证明双方责任大小。

（3）事实依据不足或合同依据不足。

（4）承包人未遵守意向通知的规定。

（5）合同中有对发包人的免责条款。

（6）承包人以前表示过放弃索赔。

（7）承包人没有采取适当措施避免或减少损失。

(8) 承包人必须提供进一步的证据。

(9) 损失计算夸大。

7.4.6 监理人预防和减少索赔的措施

索赔虽然不可能完全避免，但通过努力可以减少发生。

(1) 正确理解合同规定。

(2) 做好日常监理工作，随时与承包人保持协调。

(3) 尽量为承包人提供力所能及的帮助。

(4) 建立和维护工程师处理合同事务的威信。

7.5 反 索 赔

反索赔就是反驳、反击或者防止对方提出的索赔，不让对方索赔成功或者全部成功。

一般认为，索赔是双向的，业主和承包人都可以向对方提出索赔要求，任何一方也都可以对对方提出的索赔要求进行反驳和反击，这种反驳和反击就是反索赔。

在工程中，当合同一方向对方提出索赔要求时，合同另一方对对方的索赔要求和索赔文件可能会有三种选择：全部认可对方的索赔；全部否定对方的索赔；部分否定对方的索赔。后两种情形均属于反索赔。

7.5.1 反索赔的基本内容

反索赔的工作内容包括：防止对方提出索赔；反驳或反击对方的索赔要求。

如果对方提出了索赔要求或索赔报告，则自己一方应采取措施反驳或反击对方的索赔要求。

(1) 抓对方的失误，直接向对方提出索赔，以对抗或平衡对方的索赔要求，以求在最终解决索赔时互相让步或互不支付。

(2) 针对对方的索赔报告，进行认真、仔细的研究和分析，找出理由和证据，证明对方索赔要求或索赔报告不符合实际情况和合同规定，没有合同依据或事实依据，索赔值计算不合理或不准确等问题，反击对方的不合理索赔要求，推卸或减轻自己的赔偿责任，使自己不受或少受损失。

7.5.2 业主的反索赔

业主的反索赔是指对承包人履约中的违约责任进行索赔。它包括以下内容：

(1) 工期延误反索赔。

(2) 施工缺陷反索赔。

(3) 对超额利润的索赔。

(4) 业主合理终止合同或承包人不正当放弃合同的索赔。

(5) 由于工伤事故给业主方人员和第三方人员造成的人身或财产损失的索赔，及承包人运送建材、施工机械设备时损坏公路、桥梁或隧道时，道桥管理部门提出的索赔等。

（6）对指定分包商的付款索赔。

7.6 施工现场签证

施工现场签证是指发、承包双方现场代表或其委托人就施工过程中涉及的责任事件所作的签认证明。

7.6.1 施工现场签证与施工索赔的区别

（1）施工现场签证是双方协商一致的结果，是双方法律行为。施工索赔是双方未能协商一致的结果，是单方主张权利的表示，是单方法律行为。

（2）施工现场签证涉及的利益已经确定，可直接作为工程结算的凭据。施工索赔涉及的利益尚待确定，是一种期待权益，未经认可，索赔所涉及的追加或赔偿款项不能直接作为对方付款的凭据。

（3）施工现场签证是工程施工过程中的例行工作，一般不依赖于证据。施工索赔是未获确认的权利主张，必须依赖证据，依靠确凿、充分的证据，是工程索赔成功的关键。

7.6.2 现场签证的范围

现场签证的范围一般包括：

（1）施工合同范围以外零星工程的确认。

（2）在工程施工过程中发生变更后需要现场确认的工程量。

（3）非施工单位原因导致的人工、设备窝工及有关损失。

（4）符合施工合同规定的非施工单位原因引起的工程量或费用增减。

（5）确认修改施工方案引起的工程量或费用增减。

（6）工程变更导致的工程施工措施费增减等。

7.6.3 现场签证的程序

承包人应发包人要求完成合同以外的零星工作或非承包人责任事件发生时，承包人应合同约定及时向发包人提出现场签证。当合同对现场签证未作具体约定时，按照《建设工程价款结算暂行办法》的规定处理。

（1）承包人应在接受发包人要求的7日内向发包人提出签证，发包人签证后施工。

（2）发包人应在收到承包人签证报告48小时内给予确认或提出修改意见，否则视为该签证报告已经认可。

（3）发、承包双方确认的现场签证费用与工程进度款同期支付。

7.6.4 现场签证费用的计算

现场签证费用的计价方式包括两种：一是完成合同以外的零星工作时，按计日工作单价计算；二是完成其他非承包人责任引起的事件，按合同中的约定计算。

小 结

施工索赔是施工合同当事人在合同实施过程中，根据法律、合同规定及惯例，对并非由自身过错而造成的损失，向合同另一方当事人提出补偿要求的行为。本章主要介绍施工索赔的概述，包括索赔的概念、特征、分类，索赔成立的条件，索赔管理的特点、原则和索赔的程序；学习编写索赔报告和索赔的计算；认识监理人在处理索赔中的职责；区别反索赔和施工现场签证。

案 例 分 析

案例分析 7.1

某建筑公司（乙方）于某年 4 月 20 日与某厂（甲方）签订了修建建筑面积为 3000m^2 工业厂房（带地下室）的施工合同。乙方编制的施工方案和进度计划已获监理工程师批准。该工程的基坑施工方案规定：土方工程采用租赁一台斗容量为 1m^3 的反铲挖掘机施工。甲、乙双方合同约定 5 月 11 日开工，5 月 20 日完工。在实际施工中发生如下几项事件：

（1）因租赁的挖掘机大修，晚开工 2 天，造成人员窝工 10 个工日。

（2）基坑开挖后，因遇软土层，接到监理工程师 5 月 15 日停工的指令，进行地质复查，配合用工 15 个工日。

（3）5 月 19 日接到监理工程师于 5 月 20 日复工令，5 月 20—22 日，因罕见的大雨迫使基坑开挖暂停，造成人员窝工 10 个工日。

（4）5 月 23 日用 30 个工日修复冲坏的永久道路，5 月 24 日恢复正常挖掘工作，最终基坑于 5 月 30 日挖坑完毕。

问题：

1. 简述工程施工索赔的程序。

2. 建筑公司对上述哪些事件可以向厂方要求索赔，哪些事件不可以要求索赔，并说明原因。

3. 每项事件工期索赔各是多少天？总计工期索赔是多少天？

案例评析要点：

问题 1：我国《建设工程施工合同（示范文本）》（GF—2017—0201）规定的施工索赔程序如下：

（1）索赔事件发生后 28 天内，向工程师发出索赔意向通知。

（2）发出索赔意向通知后的 28 天内，向工程师提出补偿经济损失和（或）延长工期的索赔报告及有关资料。

（3）工程师在收到承包人送交的索赔报告和有关资料后，于 28 天内给予答复，或要求承包人进一步补充索赔理由和证据。

（4）工程师在收到承包人送交的索赔报告和有关资料后 28 天内未给予答复或未对承

包人作进一步要求，视为该项索赔已经认可。

(5) 当该索赔事件持续进行时，承包人应当阶段性向工程师发出索赔意向，在索赔事件终了后28天内，向工程师提供索赔的有关资料和最终索赔报告。

问题2：事件（1）索赔不成立。因事件发生原因属承包人自身责任。

事件（2）索赔成立。因该施工地质条件的变化是一个有经验的承包人所无法合理预见的。

事件（3）索赔成立。这是因特殊反常的恶劣天气造成工程延误。

事件（4）索赔成立。因恶劣的自然条件或不可抗引起的工程损坏及修复应由业主承担责任。

问题3：事件（2）索赔工期5天（5月15—19日）

事件（3）索赔工期3天（5月20—22日）

事件（4）索赔工期1天（5月23日）

共计索赔工期为：5＋3＋1＝9天

案例分析7.2

某高层酒店工程计划的开工日期为1999年6月5日，竣工日期为2001年10月20日，合同内约定按月进度支付工程款，在统计报告递交后14天内甲方审定并支付工程进度款的90%。工程按期开工，工程进展顺利，在工程进行到主体结构施工时，出现了下述问题：

(1) 二层结构部分完成时，承包人按合同约定，及时向甲方提交了已完工作量统计报告，但是甲方未按合同约定的付款方式和期限支付工程进度款，乙方在此情况下开始停工，直到甲方支付工程进度款和违约赔偿金后乙方才开始复工，工期耽误了180天。

(2) 甲方按合同约定支付了工程进度款，乙方按正常管理方式恢复施工。在工程施工到12层时，发生了不幸的事故，某一脚手架工人在施工时因未按规定使用安全设施，不慎从脚手架上坠落，造成死亡，施工单位及时向甲方和国家安全生产管理部门通报，因此工期耽误了20天。

问题：

1. 事件1中承包人是否可以向甲方提出工人窝工索赔和施工单位在停工期间保护管理施工现场所发生的费用索赔？

2. 事件2中承包人是否可以向甲方提出工期索赔，为什么？

3. 如果本工程合同工期为300天，甲方批准工期可以延长180天，本工程实际完工工期为多少天？因事件2造成工期延长20天，甲方是否可以向承包人提出因工期延长20天所增加发生的现场管理费的索赔要求？

案例评析要点：

问题1：可以提出索赔。业主未能按合同约定如期支付工程款，应对停工承担责任，故应当赔偿承包人停工期间发生的实际经济损失和保护施工现场所发生的费用。

问题2：不可以提出工期索赔。事件2的发生是由于承包人自身管理不善造成的，不属于业主应承担的责任范围。

问题 3：本工程实际完工工期为 500 天（300＋180＋20）。由于承包人自身原因使工期延误 20 天，根据索赔及反索赔的成立条件，甲方可以向承包人提出因工期延长所增加的甲方现场管理费的索赔要求。

练 习 思 考 题

1. 单选题

（1）承包人应在索赔事项发生后的（　　）天内，向监理人正式提出索赔意向通知。

A. 14　　B. 7　　C. 28　　D. 21

（2）下列关于建设工程索赔的说法，正确的是（　　）。

A. 承包人可以向发包人索赔，发包人不可以向承包人索赔

B. 索赔按处理方式的不同分为工期索赔和费用索赔

C. 监理人在收到承包人送交的索赔报告的有关资料后 28 天未予答复或未对承包人作进一步要求，视为该项索赔已经认可

D. 索赔意向通知发出后的 14 天内，承包人必须向监理人提交索赔报告及有关资料

（3）索赔是指在合同的实施过程中，（　　）因对方不履行或未能正确履行合同所规定的义务或未能保证承诺的合同条件实现而遭受损失后，向对方提出的补偿要求。

A. 业主方　　B. 第三方　　C. 承包人　　D. 合同中的一方

（4）在施工过程中，由于发包人或监理人指令修改设计、修改实施计划、变更施工顺序，造成工期延长和费用损失，承包人可提出索赔。这种索赔属于（　　）引起的索赔。

A. 地质条件的变化　　B. 不可抗力

C. 工程变更　　D. 业主风险

（5）索赔可以从不同角度分类，如按索赔事件的影响分类，可分为（　　）。

A. 单项索赔和综合索赔

B. 工期延误索赔和工程变更索赔

C. 工期索赔和费用索赔

D. 发包人和承包人、承包人与分包人之间的索赔

（6）（　　）是索赔处理的最主要依据。

A. 合同文件　　B. 工程变更　　C. 结算资料　　D. 市场价格

（7）下列关于索赔和反索赔的说法，正确的是（　　）。

A. 索赔实际上是一种经济惩罚行为

B. 索赔和反索赔具有同时性

C. 只有发包人可以针对承包人的索赔提出反索赔

D. 索赔单指承包人向发包人的索赔

2. 多选题

（1）建设工程索赔按索赔的合同依据可分为（　　）。

A. 合同中明示的索赔　　B. 工期索赔

C. 费用索赔　　D. 合同中默示的索赔

E. 道义索赔

(2) 承包人向发包人索赔成立的条件包括有（　　）。

A. 由于发包人原因造成费用增加和工期损失

B. 由于监理人原因造成费用增加和工期损失

C. 由于分包人原因造成费用增加和工期损失

D. 按合同规定的程序提交了索赔意向

E. 提交了索赔报告

(3) 承包人可以就下列（　　）事件的发生向业主提出索赔。

A. 施工中遇到地下文物被迫停工

B. 施工机械大修，误工3天

C. 材料供应商延期交货

D. 业主要求提前竣工，导致工程成本增加

E. 设计图纸错误，造成返工

3. 思考题

(1) 什么是施工索赔？发生索赔的原因主要有哪些？

(2) 按索赔事件的性质，索赔可以分为哪几类？

(3) 简述施工索赔的程序。

(4) 简述索赔报告的编写要求。

(5) 如何进行工期索赔和费用索赔计算？

(6) 简述监理人在处理索赔中的职责。

(7) 反索赔与现场签证的区别有哪些？

4. 案例分析

(1) 某工厂建设施工土方工程中，承包人在合同标明有松软石的地方没有遇到松软石，因此工期提前1个月。但在合同中另一未标明有坚硬岩石的地方遇到更多的坚硬岩石，开挖工作变得更加困难，由此造成了实际生产率比原计划低得多，经测算影响工期3个月。由于施工速度减慢，使得部分施工任务拖到雨季进行，按一般公认标准推算，又影响工期2个月。为此承包人准备提出索赔。

问题：

1) 该项施工索赔能否成立？为什么？

2) 在该索赔事件中，应提出的索赔内容包括哪两方面？

3) 在工程施工中，通常可以提供的索赔证据有哪些？

4) 承包人应提供的索赔文件有哪些？请协助承包人拟定一份索赔通知。

(2) 某土方工程发包人与施工单元签订了土方施工合同，合同约定的土方工程量为 $8000m^3$，合同工期为16天，合同约定：工程量增加20%以内为施工方应承担的工期风险。挖运过程中，因出现了较深的软弱下卧层，致使土方量增加了 $10200m^3$。

问题：施工方可提出的工期索赔是多少天？

参 考 文 献

[1] 王宇静，杨帆．建设工程招投标与合同管理［M］．北京：清华大学出版社，2018.

[2] 危道军．招投标与合同管理实务［M］．北京：高等教育出版社，2018.

[3] 杨志中．建设工程招投标与合同管理［M］．北京：机械工业出版社，2016.

[4] 程志雄，张妮丽．建设工程招投标与合同管理［M］．武汉：武汉大学出版社，2013.

[5] 李海凌，王莉．建设工程招投标与合同管理［M］．北京：机械工业出版社，2017.

[6] 吴冬平．工程招投标与合同管理［M］．北京：机械工业出版社，2015.

[7] 杨庆丰．建筑工程招投标与合同管理［M］．北京：机械工业出版社，2009.

[8] 沈中友．工程招投标与合同管理［M］．北京：机械工业出版社，2017.

[9] 宿辉，何佰洲．2017版《建设工程施工合同（示范文本）》（GF—2017—0201）注释与应用指南［M］．北京：中国建筑工业出版社，2018.

[10] 宋春岩．建设工程招投标与合同管理［M］．2版．北京：北京大学出版社，2012.

[11] 杨勇，狄文全，冯伟．工程招投标理论与综合实训［M］．北京：化学工业出版社，2016.

[12] 邵晓双，黄越．建设工程招投标与合同管理［M］．武汉：武汉大学出版社，2018.

附录　中华人民共和国招标投标法实施条例（2019 年修订）

2011 年 12 月 20 日国务院令第 613 号公布，根据 2017 年 3 月 1 日《国务院关于修改和废止部分行政法规的决定》（国务院令第 676 号）修订，根据 2018 年 3 月 19 日《国务院关于修改和废止部分行政法规的决定》（国务院令第 698 号）修订，根据 2019 年 3 月 2 日《国务院关于修改部分行政法规的决定》（国务院令第 709 号）修订。

第一章　总　　则

第一条　为了规范招标投标活动，根据《中华人民共和国招标投标法》（以下简称招标投标法），制定本条例。

第二条　招标投标法第三条所称工程建设项目，是指工程以及与工程建设有关的货物、服务。

前款所称工程，是指建设工程，包括建筑物和构筑物的新建、改建、扩建及其相关的装修、拆除、修缮等；所称与工程建设有关的货物，是指构成工程不可分割的组成部分，且为实现工程基本功能所必需的设备、材料等；所称与工程建设有关的服务，是指为完成工程所需的勘察、设计、监理等服务。

第三条　依法必须进行招标的工程建设项目的具体范围和规模标准，由国务院发展改革部门会同国务院有关部门制订，报国务院批准后公布施行。

第四条　国务院发展改革部门指导和协调全国招标投标工作，对国家重大建设项目的工程招标投标活动实施监督检查。国务院工业和信息化、住房城乡建设、交通运输、铁道、水利、商务等部门，按照规定的职责分工对有关招标投标活动实施监督。

县级以上地方人民政府发展改革部门指导和协调本行政区域的招标投标工作。县级以上地方人民政府有关部门按照规定的职责分工，对招标投标活动实施监督，依法查处招标投标活动中的违法行为。县级以上地方人民政府对其所属部门有关招标投标活动的监督职责分工另有规定的，从其规定。

财政部门依法对实行招标投标的政府采购工程建设项目的政府采购政策执行情况实施监督。

监察机关依法对与招标投标活动有关的监察对象实施监察。

第五条　设区的市级以上地方人民政府可以根据实际需要，建立统一规范的招标投标交易场所，为招标投标活动提供服务。招标投标交易场所不得与行政监督部门存在隶属关系，不得以营利为目的。

国家鼓励利用信息网络进行电子招标投标。

第六条　禁止国家工作人员以任何方式非法干涉招标投标活动。

第二章　招　　标

第七条　按照国家有关规定需要履行项目审批、核准手续的依法必须进行招标的项目，其招标范围、招标方式、招标组织形式应当报项目审批、核准部门审批、核准。项目审批、核准部门应当及时将审批、核准确定的招标范围、招标方式、招标组织形式通报有关行政监督部门。

第八条　国有资金占控股或者主导地位的依法必须进行招标的项目，应当公开招标；但有下列情形之一的，可以邀请招标：

（一）技术复杂、有特殊要求或者受自然环境限制，只有少量潜在投标人可供选择；

（二）采用公开招标方式的费用占项目合同金额的比例过大。

有前款第二项所列情形，属于本条例第七条规定的项目，由项目审批、核准部门在审批、核准项目时作出认定；其他项目由招标人申请有关行政监督部门作出认定。

第九条　除招标投标法第六十六条规定的可以不进行招标的特殊情况外，有下列情形之一的，可以不进行招标：

（一）需要采用不可替代的专利或者专有技术；

（二）采购人依法能够自行建设、生产或者提供；

（三）已通过招标方式选定的特许经营项目投资人依法能够自行建设、生产或者提供；

（四）需要向原中标人采购工程、货物或者服务，否则将影响施工或者功能配套要求；

（五）国家规定的其他特殊情形。

招标人为适用前款规定弄虚作假的，属于招标投标法第四条规定的规避招标。

第十条　招标投标法第十二条第二款规定的招标人具有编制招标文件和组织评标能力，是指招标人具有与招标项目规模和复杂程度相适应的技术、经济等方面的专业人员。

第十一条　国务院住房城乡建设、商务、发展改革、工业和信息化等部门，按照规定的职责分工对招标代理机构依法实施监督管理。

第十二条　招标代理机构应当拥有一定数量的具备编制招标文件、组织评标等相应能力的专业人员。

第十三条　招标代理机构在招标人委托的范围内开展招标代理业务，任何单位和个人不得非法干涉。

招标代理机构代理招标业务，应当遵守招标投标法和本条例关于招标人的规定。招标代理机构不得在所代理的招标项目中投标或者代理投标，也不得为所代理的招标项目的投标人提供咨询。

第十四条　招标人应当与被委托的招标代理机构签订书面委托合同，合同约定的收费标准应当符合国家有关规定。

第十五条　公开招标的项目，应当依照招标投标法和本条例的规定发布招标公告、编制招标文件。

招标人采用资格预审办法对潜在投标人进行资格审查的，应当发布资格预审公告、编制资格预审文件。

依法必须进行招标的项目的资格预审公告和招标公告，应当在国务院发展改革部门依法指定的媒介发布。在不同媒介发布的同一招标项目的资格预审公告或者招标公告的内容应当一致。指定媒介发布依法必须进行招标的项目的境内资格预审公告、招标公告，不得收取费用。

编制依法必须进行招标的项目的资格预审文件和招标文件，应当使用国务院发展改革部门会同有关行政监督部门制定的标准文本。

第十六条 招标人应当按照资格预审公告、招标公告或者投标邀请书规定的时间、地点发售资格预审文件或者招标文件。资格预审文件或者招标文件的发售期不得少于5日。

招标人发售资格预审文件、招标文件收取的费用应当限于补偿印刷、邮寄的成本支出，不得以营利为目的。

第十七条 招标人应当合理确定提交资格预审申请文件的时间。依法必须进行招标的项目提交资格预审申请文件的时间，自资格预审文件停止发售之日起不得少于5日。

第十八条 资格预审应当按照资格预审文件载明的标准和方法进行。

国有资金占控股或者主导地位的依法必须进行招标的项目，招标人应当组建资格审查委员会审查资格预审申请文件。资格审查委员会及其成员应当遵守招标投标法和本条例有关评标委员会及其成员的规定。

第十九条 资格预审结束后，招标人应当及时向资格预审申请人发出资格预审结果通知书。未通过资格预审的申请人不具有投标资格。

通过资格预审的申请人少于3个的，应当重新招标。

第二十条 招标人采用资格后审办法对投标人进行资格审查的，应当在开标后由评标委员会按照招标文件规定的标准和方法对投标人的资格进行审查。

第二十一条 招标人可以对已发出的资格预审文件或者招标文件进行必要的澄清或者修改。澄清或者修改的内容可能影响资格预审申请文件或者投标文件编制的，招标人应当在提交资格预审申请文件截止时间至少3日前，或者投标截止时间至少15日前，以书面形式通知所有获取资格预审文件或者招标文件的潜在投标人；不足3日或者15日的，招标人应当顺延提交资格预审申请文件或者投标文件的截止时间。

第二十二条 潜在投标人或者其他利害关系人对资格预审文件有异议的，应当在提交资格预审申请文件截止时间2日前提出；对招标文件有异议的，应当在投标截止时间10日前提出。招标人应当自收到异议之日起3日内作出答复；作出答复前，应当暂停招标投标活动。

第二十三条 招标人编制的资格预审文件、招标文件的内容违反法律、行政法规的强制性规定，违反公开、公平、公正和诚实信用原则，影响资格预审结果或者潜在投标人投标的，依法必须进行招标的项目的招标人应当在修改资格预审文件或者招标文件后重新招标。

第二十四条 招标人对招标项目划分标段的，应当遵守招标投标法的有关规定，不得利用划分标段限制或者排斥潜在投标人。依法必须进行招标的项目的招标人不得利用划分标段规避招标。

第二十五条 招标人应当在招标文件中载明投标有效期。投标有效期从提交投标文件的截止之日起算。

第二十六条　招标人在招标文件中要求投标人提交投标保证金的，投标保证金不得超过招标项目估算价的2%。投标保证金有效期应当与投标有效期一致。

依法必须进行招标的项目的境内投标单位，以现金或者支票形式提交的投标保证金应当从其基本账户转出。

招标人不得挪用投标保证金。

第二十七条　招标人可以自行决定是否编制标底。一个招标项目只能有一个标底。标底必须保密。

接受委托编制标底的中介机构不得参加受托编制标底项目的投标，也不得为该项目的投标人编制投标文件或者提供咨询。

招标人设有最高投标限价的，应当在招标文件中明确最高投标限价或者最高投标限价的计算方法。招标人不得规定最低投标限价。

第二十八条　招标人不得组织单个或者部分潜在投标人踏勘项目现场。

第二十九条　招标人可以依法对工程以及与工程建设有关的货物、服务全部或者部分实行总承包招标。以暂估价形式包括在总承包范围内的工程、货物、服务属于依法必须进行招标的项目范围且达到国家规定规模标准的，应当依法进行招标。

前款所称暂估价，是指总承包招标时不能确定价格而由招标人在招标文件中暂时估定的工程、货物、服务的金额。

第三十条　对技术复杂或者无法精确拟定技术规格的项目，招标人可以分两阶段进行招标。

第一阶段，投标人按照招标公告或者投标邀请书的要求提交不带报价的技术建议，招标人根据投标人提交的技术建议确定技术标准和要求，编制招标文件。

第二阶段，招标人向在第一阶段提交技术建议的投标人提供招标文件，投标人按照招标文件的要求提交包括最终技术方案和投标报价的投标文件。

招标人要求投标人提交投标保证金的，应当在第二阶段提出。

第三十一条　招标人终止招标的，应当及时发布公告，或者以书面形式通知被邀请的或者已经获取资格预审文件、招标文件的潜在投标人。已经发售资格预审文件、招标文件或者已经收取投标保证金的，招标人应当及时退还所收取的资格预审文件、招标文件的费用，以及所收取的投标保证金及银行同期存款利息。

第三十二条　招标人不得以不合理的条件限制、排斥潜在投标人或者投标人。

招标人有下列行为之一的，属于以不合理条件限制、排斥潜在投标人或者投标人：

（一）就同一招标项目向潜在投标人或者投标人提供有差别的项目信息；

（二）设定的资格、技术、商务条件与招标项目的具体特点和实际需要不相适应或者与合同履行无关；

（三）依法必须进行招标的项目以特定行政区域或者特定行业的业绩、奖项作为加分条件或者中标条件；

（四）对潜在投标人或者投标人采取不同的资格审查或者评标标准；

（五）限定或者指定特定的专利、商标、品牌、原产地或者供应商；

（六）依法必须进行招标的项目非法限定潜在投标人或者投标人的所有制形式或者组

织形式；

（七）以其他不合理条件限制、排斥潜在投标人或者投标人。

第三章　投　　标

第三十三条　投标人参加依法必须进行招标的项目的投标，不受地区或者部门的限制，任何单位和个人不得非法干涉。

第三十四条　与招标人存在利害关系可能影响招标公正性的法人、其他组织或者个人，不得参加投标。

单位负责人为同一人或者存在控股、管理关系的不同单位，不得参加同一标段投标或者未划分标段的同一招标项目投标。

违反前两款规定的，相关投标均无效。

第三十五条　投标人撤回已提交的投标文件，应当在投标截止时间前书面通知招标人。招标人已收取投标保证金的，应当自收到投标人书面撤回通知之日起 5 日内退还。

投标截止后投标人撤销投标文件的，招标人可以不退还投标保证金。

第三十六条　未通过资格预审的申请人提交的投标文件，以及逾期送达或者不按照招标文件要求密封的投标文件，招标人应当拒收。

招标人应当如实记载投标文件的送达时间和密封情况，并存档备查。

第三十七条　招标人应当在资格预审公告、招标公告或者投标邀请书中载明是否接受联合体投标。

招标人接受联合体投标并进行资格预审的，联合体应当在提交资格预审申请文件前组成。资格预审后联合体增减、更换成员的，其投标无效。

联合体各方在同一招标项目中以自己名义单独投标或者参加其他联合体投标的，相关投标均无效。

第三十八条　投标人发生合并、分立、破产等重大变化的，应当及时书面告知招标人。投标人不再具备资格预审文件、招标文件规定的资格条件或者其投标影响招标公正性的，其投标无效。

第三十九条　禁止投标人相互串通投标。

有下列情形之一的，属于投标人相互串通投标：

（一）投标人之间协商投标报价等投标文件的实质性内容；

（二）投标人之间约定中标人；

（三）投标人之间约定部分投标人放弃投标或者中标；

（四）属于同一集团、协会、商会等组织成员的投标人按照该组织要求协同投标；

（五）投标人之间为谋取中标或者排斥特定投标人而采取的其他联合行动。

第四十条　有下列情形之一的，视为投标人相互串通投标：

（一）不同投标人的投标文件由同一单位或者个人编制；

（二）不同投标人委托同一单位或者个人办理投标事宜；

（三）不同投标人的投标文件载明的项目管理成员为同一人；

（四）不同投标人的投标文件异常一致或者投标报价呈规律性差异；

（五）不同投标人的投标文件相互混装；

（六）不同投标人的投标保证金从同一单位或者个人的账户转出。

第四十一条　禁止招标人与投标人串通投标。

有下列情形之一的，属于招标人与投标人串通投标：

（一）招标人在开标前开启投标文件并将有关信息泄露给其他投标人；

（二）招标人直接或者间接向投标人泄露标底、评标委员会成员等信息；

（三）招标人明示或者暗示投标人压低或者抬高投标报价；

（四）招标人授意投标人撤换、修改投标文件；

（五）招标人明示或者暗示投标人为特定投标人中标提供方便；

（六）招标人与投标人为谋求特定投标人中标而采取的其他串通行为。

第四十二条　使用通过受让或者租借等方式获取的资格、资质证书投标的，属于招标投标法第三十三条规定的以他人名义投标。

投标人有下列情形之一的，属于招标投标法第三十三条规定的以其他方式弄虚作假的行为：

（一）使用伪造、变造的许可证件；

（二）提供虚假的财务状况或者业绩；

（三）提供虚假的项目负责人或者主要技术人员简历、劳动关系证明；

（四）提供虚假的信用状况；

（五）其他弄虚作假的行为。

第四十三条　提交资格预审申请文件的申请人应当遵守招标投标法和本条例有关投标人的规定。

第四章　开标、评标和中标

第四十四条　招标人应当按照招标文件规定的时间、地点开标。

投标人少于 3 个的，不得开标；招标人应当重新招标。

投标人对开标有异议的，应当在开标现场提出，招标人应当当场作出答复，并制作记录。

第四十五条　国家实行统一的评标专家专业分类标准和管理办法。具体标准和办法由国务院发展改革部门会同国务院有关部门制定。

省级人民政府和国务院有关部门应当组建综合评标专家库。

第四十六条　除招标投标法第三十七条第三款规定的特殊招标项目外，依法必须进行招标的项目，其评标委员会的专家成员应当从评标专家库内相关专业的专家名单中以随机抽取方式确定。任何单位和个人不得以明示、暗示等任何方式指定或者变相指定参加评标委员会的专家成员。

依法必须进行招标的项目的招标人非因招标投标法和本条例规定的事由，不得更换依法确定的评标委员会成员。更换评标委员会的专家成员应当依照前款规定进行。

评标委员会成员与投标人有利害关系的，应当主动回避。

有关行政监督部门应当按照规定的职责分工，对评标委员会成员的确定方式、评标专家的抽取和评标活动进行监督。行政监督部门的工作人员不得担任本部门负责监督项目的评标委员会成员。

第四十七条 招标投标法第三十七条第三款所称特殊招标项目，是指技术复杂、专业性强或者国家有特殊要求，采取随机抽取方式确定的专家难以保证胜任评标工作的项目。

第四十八条 招标人应当向评标委员会提供评标所必需的信息，但不得明示或者暗示其倾向或者排斥特定投标人。

招标人应当根据项目规模和技术复杂程度等因素合理确定评标时间。超过三分之一的评标委员会成员认为评标时间不够的，招标人应当适当延长。

评标过程中，评标委员会成员有回避事由、擅离职守或者因健康等原因不能继续评标的，应当及时更换。被更换的评标委员会成员作出的评审结论无效，由更换后的评标委员会成员重新进行评审。

第四十九条 评标委员会成员应当依照招标投标法和本条例的规定，按照招标文件规定的评标标准和方法，客观、公正地对投标文件提出评审意见。招标文件没有规定的评标标准和方法不得作为评标的依据。

评标委员会成员不得私下接触投标人，不得收受投标人给予的财物或者其他好处，不得向招标人征询确定中标人的意向，不得接受任何单位或者个人明示或者暗示提出的倾向或者排斥特定投标人的要求，不得有其他不客观、不公正履行职务的行为。

第五十条 招标项目设有标底的，招标人应当在开标时公布。标底只能作为评标的参考，不得以投标报价是否接近标底作为中标条件，也不得以投标报价超过标底上下浮动范围作为否决投标的条件。

第五十一条 有下列情形之一的，评标委员会应当否决其投标：

（一）投标文件未经投标单位盖章和单位负责人签字；

（二）投标联合体没有提交共同投标协议；

（三）投标人不符合国家或者招标文件规定的资格条件；

（四）同一投标人提交两个以上不同的投标文件或者投标报价，但招标文件要求提交备选投标的除外；

（五）投标报价低于成本或者高于招标文件设定的最高投标限价；

（六）投标文件没有对招标文件的实质性要求和条件作出响应；

（七）投标人有串通投标、弄虚作假、行贿等违法行为。

第五十二条 投标文件中有含义不明确的内容、明显文字或者计算错误，评标委员会认为需要投标人作出必要澄清、说明的，应当书面通知该投标人。投标人的澄清、说明应当采用书面形式，并不得超出投标文件的范围或者改变投标文件的实质性内容。

评标委员会不得暗示或者诱导投标人作出澄清、说明，不得接受投标人主动提出的澄清、说明。

第五十三条 评标完成后，评标委员会应当向招标人提交书面评标报告和中标候选人名单。中标候选人应当不超过3个，并标明排序。

评标报告应当由评标委员会全体成员签字。对评标结果有不同意见的评标委员会成员应当以书面形式说明其不同意见和理由，评标报告应当注明该不同意见。评标委员会成员拒绝在评标报告上签字又不书面说明其不同意见和理由的，视为同意评标结果。

第五十四条　依法必须进行招标的项目，招标人应当自收到评标报告之日起3日内公示中标候选人，公示期不得少于3日。

投标人或者其他利害关系人对依法必须进行招标的项目的评标结果有异议的，应当在中标候选人公示期间提出。招标人应当自收到异议之日起3日内作出答复；作出答复前，应当暂停招标投标活动。

第五十五条　国有资金占控股或者主导地位的依法必须进行招标的项目，招标人应当确定排名第一的中标候选人为中标人。排名第一的中标候选人放弃中标、因不可抗力不能履行合同、不按照招标文件要求提交履约保证金，或者被查实存在影响中标结果的违法行为等情形，不符合中标条件的，招标人可以按照评标委员会提出的中标候选人名单排序依次确定其他中标候选人为中标人，也可以重新招标。

第五十六条　中标候选人的经营、财务状况发生较大变化或者存在违法行为，招标人认为可能影响其履约能力的，应当在发出中标通知书前由原评标委员会按照招标文件规定的标准和方法审查确认。

第五十七条　招标人和中标人应当依照招标投标法和本条例的规定签订书面合同，合同的标的、价款、质量、履行期限等主要条款应当与招标文件和中标人的投标文件的内容一致。招标人和中标人不得再行订立背离合同实质性内容的其他协议。

招标人最迟应当在书面合同签订后5日内向中标人和未中标的投标人退还投标保证金及银行同期存款利息。

第五十八条　招标文件要求中标人提交履约保证金的，中标人应当按照招标文件的要求提交。履约保证金不得超过中标合同金额的10%。

第五十九条　中标人应当按照合同约定履行义务，完成中标项目。中标人不得向他人转让中标项目，也不得将中标项目肢解后分别向他人转让。

中标人按照合同约定或者经招标人同意，可以将中标项目的部分非主体、非关键性工作分包给他人完成。接受分包的人应当具备相应的资格条件，并不得再次分包。

中标人应当就分包项目向招标人负责，接受分包的人就分包项目承担连带责任。

第五章　投诉与处理

第六十条　投标人或者其他利害关系人认为招标投标活动不符合法律、行政法规规定的，可以自知道或者应当知道之日起10日内向有关行政监督部门投诉。投诉应当有明确的请求和必要的证明材料。

就本条例第二十二条、第四十四条、第五十四条规定事项投诉的，应当先向招标人提出异议，异议答复期间不计算在前款规定的期限内。

第六十一条　投诉人就同一事项向两个以上有权受理的行政监督部门投诉的，由最先收到投诉的行政监督部门负责处理。

行政监督部门应当自收到投诉之日起3个工作日内决定是否受理投诉，并自受理投诉之日起30个工作日内作出书面处理决定；需要检验、检测、鉴定、专家评审的，所需时间不计算在内。

投诉人捏造事实、伪造材料或者以非法手段取得证明材料进行投诉的，行政监督部门应当予以驳回。

第六十二条　行政监督部门处理投诉，有权查阅、复制有关文件、资料，调查有关情况，相关单位和人员应当予以配合。必要时，行政监督部门可以责令暂停招标投标活动。

行政监督部门的工作人员对监督检查过程中知悉的国家秘密、商业秘密，应当依法予以保密。

第六章　法　律　责　任

第六十三条　招标人有下列限制或者排斥潜在投标人行为之一的，由有关行政监督部门依照招标投标法第五十一条的规定处罚：

（一）依法应当公开招标的项目不按照规定在指定媒介发布资格预审公告或者招标公告；

（二）在不同媒介发布的同一招标项目的资格预审公告或者招标公告的内容不一致，影响潜在投标人申请资格预审或者投标。

依法必须进行招标的项目的招标人不按照规定发布资格预审公告或者招标公告，构成规避招标的，依照招标投标法第四十九条的规定处罚。

第六十四条　招标人有下列情形之一的，由有关行政监督部门责令改正，可以处10万元以下的罚款：

（一）依法应当公开招标而采用邀请招标；

（二）招标文件、资格预审文件的发售、澄清、修改的时限，或者确定的提交资格预审申请文件、投标文件的时限不符合招标投标法和本条例规定；

（三）接受未通过资格预审的单位或者个人参加投标；

（四）接受应当拒收的投标文件。

招标人有前款第一项、第三项、第四项所列行为之一的，对单位直接负责的主管人员和其他直接责任人员依法给予处分。

第六十五条　招标代理机构在所代理的招标项目中投标、代理投标或者向该项目投标人提供咨询的，接受委托编制标底的中介机构参加受托编制标底项目的投标或者为该项目的投标人编制投标文件、提供咨询的，依照招标投标法第五十条的规定追究法律责任。

第六十六条　招标人超过本条例规定的比例收取投标保证金、履约保证金或者不按照规定退还投标保证金及银行同期存款利息的，由有关行政监督部门责令改正，可以处5万元以下的罚款；给他人造成损失的，依法承担赔偿责任。

第六十七条　投标人相互串通投标或者与招标人串通投标的，投标人向招标人或者评标委员会成员行贿谋取中标的，中标无效；构成犯罪的，依法追究刑事责任；尚不构成犯罪的，依照招标投标法第五十三条的规定处罚。投标人未中标的，对单位的罚款金额按照招标项目合同金额依照招标投标法规定的比例计算。

投标人有下列行为之一的，属于招标投标法第五十三条规定的情节严重行为，由有关行政监督部门取消其1年至2年内参加依法必须进行招标的项目的投标资格：

（一）以行贿谋取中标；

（二）3 年内 2 次以上串通投标；

（三）串通投标行为损害招标人、其他投标人或者国家、集体、公民的合法利益，造成直接经济损失 30 万元以上；

（四）其他串通投标情节严重的行为。

投标人自本条第二款规定的处罚执行期限届满之日起 3 年内又有该款所列违法行为之一的，或者串通投标、以行贿谋取中标情节特别严重的，由工商行政管理机关吊销营业执照。

法律、行政法规对串通投标报价行为的处罚另有规定的，从其规定。

第六十八条　投标人以他人名义投标或者以其他方式弄虚作假骗取中标的，中标无效；构成犯罪的，依法追究刑事责任；尚不构成犯罪的，依照招标投标法第五十四条的规定处罚。依法必须进行招标的项目的投标人未中标的，对单位的罚款金额按照招标项目合同金额依照招标投标法规定的比例计算。

投标人有下列行为之一的，属于招标投标法第五十四条规定的情节严重行为，由有关行政监督部门取消其 1 年至 3 年内参加依法必须进行招标的项目的投标资格：

（一）伪造、变造资格、资质证书或者其他许可证件骗取中标；

（二）3 年内 2 次以上使用他人名义投标；

（三）弄虚作假骗取中标给招标人造成直接经济损失 30 万元以上；

（四）其他弄虚作假骗取中标情节严重的行为。

投标人自本条第二款规定的处罚执行期限届满之日起 3 年内又有该款所列违法行为之一的，或者弄虚作假骗取中标情节特别严重的，由工商行政管理机关吊销营业执照。

第六十九条　出让或者出租资格、资质证书供他人投标的，依照法律、行政法规的规定给予行政处罚；构成犯罪的，依法追究刑事责任。

第七十条　依法必须进行招标的项目的招标人不按照规定组建评标委员会，或者确定、更换评标委员会成员违反招标投标法和本条例规定的，由有关行政监督部门责令改正，可以处 10 万元以下的罚款，对单位直接负责的主管人员和其他直接责任人员依法给予处分；违法确定或者更换的评标委员会成员作出的评审结论无效，依法重新进行评审。

国家工作人员以任何方式非法干涉选取评标委员会成员的，依照本条例第八十条的规定追究法律责任。

第七十一条　评标委员会成员有下列行为之一的，由有关行政监督部门责令改正；情节严重的，禁止其在一定期限内参加依法必须进行招标的项目的评标；情节特别严重的，取消其担任评标委员会成员的资格：

（一）应当回避而不回避；

（二）擅离职守；

（三）不按照招标文件规定的评标标准和方法评标；

（四）私下接触投标人；

（五）向招标人征询确定中标人的意向或者接受任何单位或者个人明示或者暗示提出的倾向或者排斥特定投标人的要求；

（六）对依法应当否决的投标不提出否决意见；

（七）暗示或者诱导投标人作出澄清、说明或者接受投标人主动提出的澄清、说明；

（八）其他不客观、不公正履行职务的行为。

第七十二条　评标委员会成员收受投标人的财物或者其他好处的，没收收受的财物，处3000元以上5万元以下的罚款，取消担任评标委员会成员的资格，不得再参加依法必须进行招标的项目的评标；构成犯罪的，依法追究刑事责任。

第七十三条　依法必须进行招标的项目的招标人有下列情形之一的，由有关行政监督部门责令改正，可以处中标项目金额10‰以下的罚款；给他人造成损失的，依法承担赔偿责任；对单位直接负责的主管人员和其他直接责任人员依法给予处分：

（一）无正当理由不发出中标通知书；

（二）不按照规定确定中标人；

（三）中标通知书发出后无正当理由改变中标结果；

（四）无正当理由不与中标人订立合同；

（五）在订立合同时向中标人提出附加条件。

第七十四条　中标人无正当理由不与招标人订立合同，在签订合同时向招标人提出附加条件，或者不按照招标文件要求提交履约保证金的，取消其中标资格，投标保证金不予退还。对依法必须进行招标的项目的中标人，由有关行政监督部门责令改正，可以处中标项目金额10‰以下的罚款。

第七十五条　招标人和中标人不按照招标文件和中标人的投标文件订立合同，合同的主要条款与招标文件、中标人的投标文件的内容不一致，或者招标人、中标人订立背离合同实质性内容的协议的，由有关行政监督部门责令改正，可以处中标项目金额5‰以上10‰以下的罚款。

第七十六条　中标人将中标项目转让给他人的，将中标项目肢解后分别转让给他人的，违反招标投标法和本条例规定将中标项目的部分主体、关键性工作分包给他人的，或者分包人再次分包的，转让、分包无效，处转让、分包项目金额5‰以上10‰以下的罚款；有违法所得的，并处没收违法所得；可以责令停业整顿；情节严重的，由工商行政管理机关吊销营业执照。

第七十七条　投标人或者其他利害关系人捏造事实、伪造材料或者以非法手段取得证明材料进行投诉，给他人造成损失的，依法承担赔偿责任。

招标人不按照规定对异议作出答复，继续进行招标投标活动的，由有关行政监督部门责令改正，拒不改正或者不能改正并影响中标结果的，依照本条例第八十一条的规定处理。

第七十八条　国家建立招标投标信用制度。有关行政监督部门应当依法公告对招标人、招标代理机构、投标人、评标委员会成员等当事人违法行为的行政处理决定。

第七十九条　项目审批、核准部门不依法审批、核准项目招标范围、招标方式、招标组织形式的，对单位直接负责的主管人员和其他直接责任人员依法给予处分。

有关行政监督部门不依法履行职责，对违反招标投标法和本条例规定的行为不依法查处，或者不按照规定处理投诉、不依法公告对招标投标当事人违法行为的行政处理决定的，对直接负责的主管人员和其他直接责任人员依法给予处分。

项目审批、核准部门和有关行政监督部门的工作人员徇私舞弊、滥用职权、玩忽职守，构成犯罪的，依法追究刑事责任。

第八十条　国家工作人员利用职务便利，以直接或者间接、明示或者暗示等任何方式非法干涉招标投标活动，有下列情形之一的，依法给予记过或者记大过处分；情节严重的，依法给予降级或者撤职处分；情节特别严重的，依法给予开除处分；构成犯罪的，依法追究刑事责任：

（一）要求对依法必须进行招标的项目不招标，或者要求对依法应当公开招标的项目不公开招标；

（二）要求评标委员会成员或者招标人以其指定的投标人作为中标候选人或者中标人，或者以其他方式非法干涉评标活动，影响中标结果；

（三）以其他方式非法干涉招标投标活动。

第八十一条　依法必须进行招标的项目的招标投标活动违反招标投标法和本条例的规定，对中标结果造成实质性影响，且不能采取补救措施予以纠正的，招标、投标、中标无效，应当依法重新招标或者评标。

第七章　附　　则

第八十二条　招标投标协会按照依法制定的章程开展活动，加强行业自律和服务。

第八十三条　政府采购的法律、行政法规对政府采购货物、服务的招标投标另有规定的，从其规定。

第八十四条　本条例自2012年2月1日起施行。